KB273130

세상 모든 초록은 즐겁다

세상 모든 초록은 즐겁다

이준규 지음

테마파크 식물 총감독의
정원 이야기

SIGONGSA

나무들이 하는 이야기에 귀 기울일 줄 아는 사람은 다른 무엇이
되기를 꿈꾸지 않습니다. 그 자체가 안식처이자 행복이기에.
-헤르만 헤세, 『정원에서 보내는 시간』

정원의 본질은 당신의 삶 속에 있다

나에게 정원이란

나는 어릴 적부터 이것저것 만드는 것을 좋아했다. 어린 시절의 대부분을 살았던 신림동은 1990년대 초까지 개발되지 않은 공터가 많이 있었다. 동네 사람들은 가까운 공터에 텃밭을 만들고 여러 씨앗을 뿌려 싱싱한 채소를 키우거나, 과일 상자 등을 이용해 대문 옆에 꽃과 채소를 키웠다. 함께 사셨던 외할아버지도 집 옆 빈 땅에 작은 텃밭을 만들어 상추나 고추 등을 정성껏 키우셨다. 봄부터 가을까지 매일 저녁 식탁 위는 건강한 먹거리로 풍요로웠던 기억이 있다. 아무 조미료를 가미하지 않아도 된장찌개에선 싱싱한 재료들의 감칠맛이 풍성했다. 얼마 전 외할아버지가 직접 기르신 생배추를 먹던 어린 아들이 '왜 아빠가 요리한 다른 배추는 맛이 없느냐' 물었다. 정확히는 아빠가 마트에서 산 배추겠지만.

나는 날마다 외할아버지를 따라다니며 텃밭을 열심히 가

꾸었다. 여름마다 시시각각 올라오는 잡초를 뽑거나 가물 때 밭에 물을 대주는 일을 도와드렸다. 서툴지만 나무 판자로 '자연 보호' 표지판을 만들기도 하고 부러진 나뭇가지로 호미 같은 농기구를 나름대로 만들기도 했다. 어린 시절 몸이 허약하고 많이 아파서 친구들과 골목을 뛰어다니며 놀 수는 없었지만, 대신 마당에서 꽃을 가꾸거나 공터 텃밭에서 농사에 필요한 잡다한 것들을 만드는 일을 통해 자연과 소통하는 법을 익혔다.

　　　이런 경험이 없었다면 은하수 한번 못 보고 자란 보통의 도시 아이들처럼 개성보다는 그저 그런 평균을 목표로 삼고 살았을지 모르겠다. 가끔은 아버지께 왜 강남 말고 신림동에 터를 잡으셨느냐 농담 섞인 투정도 했지만 흙과 식물에 대한 많은 것을 경험할 기회를 누린 어린 시절이 얼마나 고마운지 모르겠다. 항상 아버지께, 몸소 정원사의 모습을 보여 주신 외할아버지께 감사한다. 지금도 매 시즌 정원 프로젝트를 진행하기 전에는 외할아버지와 만들던 정원을 떠올린다. 라일락 향기와 빨간 덩굴 장미의 강렬한 이미지, 그리고 파란 수국의 아름다웠던 흔적 등을 기억해 내면서 새로운 영감을 얻으려 노력한다. 가든 메이커로 살고 있는 지금, 정원 만드는 일의 첫걸음이 된 순간들이 지금도 행복을 가득 만들고 있다는 사실이 놀랍다. 그 조그만 유년의 정원이 품은 많은 이야기가 여전히 새로운 영감을 주고 있다는 것도.

　　　어린 날의 즐거움을 업으로 삼을 기회를 얻었고, 우리나라에 정원 문화를 정착시키기 위해 더 많은 공부를 하고 싶었다. 그래서 정원의 나라 영국으로 유학을 떠나기로 결심했었다. 정원의 본질을 찾기 위한 여정의 시작이었다.

모든 것이 낯선 첫 정원 디자인 이론 시간, 지도 교수가 나에게 질문을 던졌다. "조경과 정원의 차이점이 무엇인지 얘기해 볼래요? 정원이란 뭐라고 생각하죠?" 그 답을 얻기 위해 왔는데 첫 시간부터 모르는 걸 묻는 교수가 야속했다. "그걸 가르쳐 달라고요!"라고 외칠 수도 없고. 지금 생각해 보면 한국에서 조경학 석사를 마치고 10여 년의 조경 디자인 경력을 가진 사람이 정원을 공부하기 위해 다시 석사부터 시작한다고 하니 의아해 했던 것 같다. 영어도 익숙하지 않은 데다 어려운 주제에 답하기 어려워하자 주변 친구들이 거들어 주었다. "조경은 정원보다 스케일이 큰 거예요", "정원이 먼저 태어나고 조경으로 성장한 거죠", "정원이 현대 사회로 넘어오면서 공공성을 갖게 되고 산업으로 발전한 것이 조경이라고 생각해요. 그래서 정원보다는 조경이 더 많은 돈을 벌 수 있죠." 등등 다양한 이야기들이 오고 갔다. 뭐라도 답하길 기다리는 마흔 개의 눈동자가 어찌나 부담스럽던지. 나는 "조경은 '소설'이고 정원은 '시'라고 생각해요."라 말했다. 뭔가 있어 보이지만 속은 잘 모르겠고 쉬운 영어로 표현되는 대답이었다.

유럽의 토론 문화는 참으로 부러운 것이 동양에서 온 신비한 아저씨의 선무당 같은 대답으로 2시간 동안 열띤 토론이 이루어졌다. 한 명도 빠짐 없이 내 의견에 대한 다양한 해석과 이야기를 덧붙였고, 어느덧 정원과 조경의 경계는 만들어지고 있었다. 역사적으로 어떤 게 먼저 시작되었는지 생각보다 간단했다. 역사를 살펴보면 정원에서 공원으로 넘어가는 것이 드러나기 때문이다. 불편했던 첫 토론은 한 마디로 '조경은 공공의 영역으로, 정원은 개인의 사적인 영역으로 이해하면 둘의 차이점을 알 수 있다'고 요약할 수 있었다.

조경은 대중이 주인이 되는 공간을 만드는 것이다. 이러한 공간을 공원이라고 부른다. 불특정 다수에게 환경 또는 자연이 주는 무한한 혜택을 똑같이 누리게 하기 위해서 조경 디자이너는 소설과 같은 서사를 공간에 부여하고(이것을 콘셉트라고 한다), 이용자가 디자이너의 의도에 따라 행동해야 하는 공간을 만들었다. 소설 같은 역사가, 또는 지역 문화가, 아니면 당대 디자인 트렌드가 공간에 서사를 입히기 위해 사용되었다. 소설가가 촘촘한 논리로 이야기를 전개하듯 조경 디자이너는 휴식 공간, 산책 공간, 꽃을 감상하는 공간 등으로 분리된, 촘촘한 서사를 공간에 부여하고 동선으로 서사를 연결한다. 이렇게 만들어진 공간을 소설 읽듯 이용하면서 디자이너의 능력에 감탄하면 되는 것이다.

이용자들과 비평가들에 의해 다양한 감상평이 생산되지만 제한적일 수밖에 없다. 그만큼 디자이너의 힘이 막강한 공간이 공공의 영역, 공원인 것이다. 그래서 조경 디자인을 하는 후배들에게 자주 '디자인으로 폭력을 행사하지 말라, 공간에서 느낄 수 있는 개인의 자유를 제한하지 말라'며 잔소리하곤 한다. 또한 조경 공간은 관리의 초점이 정원과 매우 다르다. 봄에는 화려해야 하고, 여름엔 시원해야 하며, 가을이면 단풍이 아름답지만 낙엽은 지저분하지 않게 정리돼야 하고, 겨울은 바닥이 미끄럽지 않게 유지해야 한다. 과정보다는 결과를 더욱 중시하는 관리법이다.

조경에 반해 정원은 지극히 사적인 영역으로 개인이 주인이다. 조금 과장해서 말하면 개인이 창조주가 되는 공간이다. 정원은 대자연을 스스로 통제하려는 욕망 또는 필요에 의해 만들어졌다. 그 기원은 인류가 채집 생활을 하던 시절까지 거슬러 올라간다. 아주 멀리까지 걸어가야 겨우 식량을 찾을 수 있던 시절, 우연히 너무 단단하여 먹지 못하는 부분을 뱉은 자리에서 다음 해에 똑같은 열매가 열린다는 사실을 발견하게 된다. 여러 번의 시행착오를 통해 처음으로 식물을 키우기 시작했고, 애써 키운 식물이 야생 동물의 먹이가 되는 것을 막고자 담장을 두르면서 정원의 모습이 만들어지기 시작했다. 영국 북부 지방에서는 움막 주거지에 식물을 심었던 흔적이 나타나고 있다.

조경은 대중에게 양질의 공간을 제공할 목적으로 시작되었지만, 정원은 개인의 생존을 위해 비롯했다는 점도 다르다. 인류가 진화하면서 농업 혁명으로 식량 문제가 해결되기 시작했고 생존 공간이던 정원은 아름다우면서 자연과 소통할 수 있는 곳으로 변화되기 시작했다. 가장 사적 공간이기에 자극적 서사보다는 정원사 또는 집주인의 감성이 직관적으로 녹아들어가고, 때로 거칠게 자연처럼 때로는 기하학의 현란한 패턴으로 자유롭게 해석되고 응용되면서 진화를 거듭해 왔다. 이 때문인지 정원은 식물 하나에도 너무나 많은 해석과 감상이 가능하게 되어 버렸다. 옳고 그름이 아닌 느낌의 차이를 보여 주는 장르일 것이다. 시인이 쓴 시구절을 읽으며 각자의 감성을 통해 다른 감정을 느끼듯이 정원사가 고른 식물을 통해 각자가 다채로운 이야기를 만나게 되는 것이다. 다양함을 상실한 정원, 과정을 보여 주지 못하는 정원, 성장하지 않는 정원은 정원다움을 잃어 버린 그냥 공간에 불과한 것이다.

다양한 형태가 만들어지고 있지만 앞으로 정원은 일차원적 아름다움의 소비가 아닌, 한층 더 깊은 아름다움으로 가장 순수한 즐거움을 주는 사적인 공간이 될 것이다. 한번에 완성되는 곳이 아니라 태어나고 성장하고 쇠퇴하는 일련의 과정이 동시에 나타나는, 살아 있는 생명체로 정의되어야 할 것이다.

정원을 대하는 기이한 현상들

영국에서 공부하는 중에 2012년 무렵부터 정원에 대한 관심이 높아지고 있다는 얘기가 들렸다. 정부 기관이 정원 사업을 육성하기 위해 예산 편성을 하고 있다는 반가운 소식도 있었고 실체를 알 수 없지만 '국가정원'이라는 것도 만들어지고 있다고 했다. 전국에 수많은 수목원이 조성된다고 했다. 정원 관련 키워드도 급증했다. 그러다 보니 사람들은 정원 전문가를 찾았고 대표 국가인 영국에 있던 내가 자연스럽게 거론되었다고 한다. 누군지는 몰라도 영국에서 정원을 공부하고 있는 전문가가 있다는 소문이었다고 한다.

당시 국내 지인들과 영국의 정원을 제대로 알리기 위한 몇 가지 프로젝트를 진행했다. 지금이야 정원 투어가 활성화되어 영국 정원을 방문한 사람들이 많이 있었지만 당시만 해도 환상을 품기 충분할 만큼 베일에 가려져 있었다. 한국의 정원 열풍은 빠르게 확산되었는데 당시 여러 프로젝트가 성공한 것만 봐도 알 수 있을 듯했다.

그중 하나가 영국 정원 강의였다. 한국에서가 아니라 영국에서 영상으로 진행했다. 팬데믹 시기를 거치면서 화면으로 강사와 수강생이 실시간으로 만나는 교육이 흔해졌다. 비대면으로만 진행되는 대학원 과정도 생길 정도였다. 하지만 10여 년 전만 해도 시스템도 불안정하고 비대면 수업이라는 개념조차 없었다. 게다가 유명인도 아닌 내가 영국에서 실시간 영상 강의를 한다고 했을 때 얼마나 많은 사람들이 관심을 가질까 싶었다. 하지만 성공적이었다. 시스템이 불안정해서 중간에 화면이 멈추고 소리가 끊기고 준비한 자료가 안 넘어가는 일이 많았지만 거의 모든 강의가 마감될 정도로 호응이 컸다. 정말 정원이 대세로 떠오르는 것이 아닐까 행복한 상상을 하게 되었다. 지금도 당시 함께했던 지인들과 그때를 회상하면

참 많은 일을 했다고 이야기하곤 한다. 실제로 정원 관련 산업은 괄목할 만한 성장을 이루었다.

테마파크 정원에서 일하고 정원 만들기 프로젝트와 정원 문화에 대한 강의를 진행하면서 정원을 사랑하는 사람들을 많이 만났다. 정원 애호가가 늘고 있음이 정말 행복하고 뿌듯하지만 한편으로는 안타까움도 있다. 정원 만들기를 꿈꾸고 참여 중인 분들이 행복한 감정과 새로운 영감으로 자신만의 즐거운 이야기가 가득한 정원을 만드는 데 집중하면 좋겠는데 실상은 그렇지 않은 듯해서이다.

어려서부터 엘리트 교육을 받아 와서 그런지, 아니면 워낙 경쟁심이 강한 민족이라 그런지 정원 만드는 일 자체에 즐거움을 느끼기보다는 '누가 더 희귀한 식물을 키우나? 누구 꽃이 더 풍성하고 예쁘나? 누구 정원이 가장 트렌디한가?' 등을 다투는 경쟁의 장이 되어 버렸다.

나는 정원 안에서 경쟁은 무의미하다고 생각한다. 정원은 가장 평등한 공간이다. 내가 씨앗을 뿌리든 우리 집 막내가 씨앗을 뿌리든 똑같이 싹을 틔우고 환경과 소통하며 정원이 성장해 간다. 하지만 여기저기서 시작된 가든 쇼, 가든 경진 대회 등이 모처럼 불어온 정원 열풍을 왜곡시키지 않을까 걱정하게 만들었다. 경쟁적으로 포스트모더니즘적인 과시용 정원을 꾸미기 원하고, 남들이 갖지 못한 식물을 소유하거나 새로운 디자인 경향의 시설물로 색다른 모습을 갖추는 데 뿌듯함을 더 많이 느끼는 것 같다. 이렇다 보니 어느새 자본이 지배하고 가드닝은 힘든 노동으로 변질되어 버렸다. 아름다운 정원은 가지고 싶으나 직접 만들기는 꺼리는 아이러니한 현상도 나타나기 시작했다. 몇 해 전 정원 관련 컨퍼런스에서 발표하는 한 교수님이 "나는 정원의 노예입니다."라고 선언하는 바람에 영국에서 온 친구들과 함께 어이없이 웃었던 기억이 있다. 노예가 아닌 정원의 친구 또는 동반자라고 표현했어야 하지 않았을까?

현실이 이렇다 보니 문화가 되어야 할 정원은 소비재로 전락한 듯했다. 트렌디한 외부 공간이 흔히 보였고 세계적 거장들의 작품도 국내에 여럿 만들어지고 있었다. 하지만 식물과 인간의 깊은 교감을 통해 서로의 마음을 어루만지는 아름다운 문화로 이어지지 못하고 보통의 소비재처럼 쉽게 소비하고 버리는 패턴이 안타깝게도 반복되었다. 함께 성장하며 오래 동행하는 것이 아니라 순간의 쾌락을 위해 강렬하게 소비되고 장렬히 사라지는 현상을 보며 뭔가 방향이 잘못되었다는 생각을 하게 되었다. '정원이 도대체 뭘까? 정말로 사람과 자연을 연결하고 마음을 어루만지며 아픈 곳을 치유하는 공간이 될 수 있나?' 하는 질문에 명확히 답하지 않고는 일을 계속할 수 없을 것 같았다. 제대로 답할 수 있다면 정원을 정원답게 만들 수 있지 않을까?

정원을 정원답게 만들기 위한 여정

2011년 잘 다니던 직장을 그만두고 영국행을 결심했던 이유는 간단했다. 조경 디자인을 하면서도 채워지지 않은 정원에 대한 갈증과, 어려서부터 동경해 왔던 영국 정원에 대한 강렬한 호기심이었다. 정원에 대해 너무 알고 싶은 게 많았다. 또한 정원 하면 떠오르는 영국, 오랜 기간 동안 정원을 문화로 가꾼 그곳의 트렌디한 정원 스타일과 뛰어난 관리 기술을 습득하면 가장 아름답고 가장 정원다운 정원을 만들 수 있으리라는 기대로 무모하게 영국행을 결심했다.

이미 정원에 대한 많은 고정 관념이 내 안에 있었기 때문에 그 모습을 제대로 보기까지 시간이 좀 필요했다. 다행히 영국의 속도는 따라갈 수 있을 만큼 천천히, 그리고 깊이 움직여 주었고 많은 시행착오를 통해 정원의 본질을 이해할 수 있었다.

유학 초기 무수히 많은 영국 정원을 다니면서는 몹시 당황스러웠다. 오히려 내가 현란한 기술과 최신 디자인 경향을 전해 주어야 하나 싶을 만큼 투박하고 촌스러운 모습이었기 때문이다. 그런데 본질을 공부하면 할수록 그 속에 더 즐겁고 행복한 영국만의 정원 문화가 있음을 발견하게 되었다. 이것이 어린 시절 기억과 더해져 "정원은 멋진 것을 소유하는 게 아니라 즐거운 문화를 만들어 가는 곳"이라는 확신이 되었다.

지금부터 내가 한국으로 돌아와서 가장 자극적인 공간이
라 할 만한 테마파크에서 어떻게 가장 정적이며 살아 성장하는 공간
인 정원을 만들어 왔는지 나눌 것이다. 보여 주기만 하는 정원에서
즐기기 위한 정원으로 나아가기 위해 어떤 여정을 거쳐 왔는지 담박
하게 이야기해 보려 한다. 정원에서 진정한 즐거움을 찾고 싶은 사
람들에게 조금이나마 도움이 되고 읽는 것만으로도 즐거움이 전해
지는 글이라면 좋겠다.

차
례

Prologue

정원의 본질은 당신의 삶 속에 있다
나에게 정원이란 · 007
정원을 대하는 기이한 현상들 · 012
정원을 정원답게 만들기 위한 여정 · 016

1
장
사람과 함께 성장하는 정원
액자에 갇힌 공간 · 023
경계를 허물어 정원이 되다 · 036
정원사는 정원의 한 요소 · 049

2
장
아름다움은 함께 자라는 것
꽃에 대한 집착 · 065
정원이 성장하는 과정 · 080
가장 혁신적인 쇼 가든 · 092

3
장
자연스러움이 가장 큰 디자인이다
화장을 걷어 내다 · 107
귀한 고객의 컴플레인 · 119
장미의 귀환 · 139

4
장 │ 모든 과정이 피어나는 풍경

한 달짜리 이벤트 · 163

구석구석 걷고 싶은 정원 · 177

지속 가능한 정원 · 192

5
장 │ 비워야 채워지는 정원의 시간

식물의 거리 두기 · 209

식물이 아닌 흙을 가꾸다 · 224

정원의 가치 – 쉼과 공존 · 238

Epilogue

끝도 없는 길을 가볍고 즐겁게 걷다 · 255

부록

"나만의 수호식물: 365일,
당신이라는 숲을 지키는 초록의 위로" · 262

사람과 함께
성장하는 정원

꽃도 사람이
있어야 꽃이다

액자에 갇힌 공간

정원의 본질을 찾고자 영국으로 떠났고, 5년여의 시간이 지나서 한국으로 돌아왔다. 사실 영국에 남아 커리어를 쌓을 수 있는 기회도 있었다. 유럽과 한국은 생각하는 방식이 기본적으로 다르다. 이 때문에 한국에서 온 정원 디자이너로서 '동양의 은둔 고수' 정도로 다소 과장된 프리미엄이 붙어서 당시 영국 취업시장에서 경쟁력이 생겼고, 몇 가지 좋은 제안도 받았었다. 하지만 나의 유학 목적은 영국에서 좋은 직장을 구하는 것은 아니었다. 정원의 본질을 찾고자 한 것이 첫째였고, 기회가 된다면 본질에 충실한 정원 문화를 한국에 정착시키고 싶다는 것이 둘째였다. 그렇기에 잠시 망설임은 있었지만 공부한 것과 정원에 대한 나의 철학을 국내 현장에 직접 적용할 수 있는 제안이 왔을 때 어렵지 않게 한국행을 결정할 수 있었다.

    1장 사람과 함께 성장하는 정원

다른 문화권에서 생활하면서 공부한다는 것은 책으로 새로운 이론을 배우는 것과는 전혀 다른 차원의 깨달음을 주었다. 우리와는 전혀 다른 사고 체계를 가지고 있는 사람들이 만들어 온 문화가 선진국이라는 포장으로 무조건적인 동경의 대상이 되었고, 모든 게 뛰어난 사람들이 만든 선진 문화라는 선입견을 가지고 있었다. 하지만 막상 몸으로 부딪쳐 보니 우월함이 아니라 다름이었다. 사고의 체계가 다르다는 것은 시작점이 다름을 의미한다. 서양에서는 대상을 바라보거나 인식할 때 내가 볼 수 있는 부분만 보고 객관적인 판단을 주로 한다. 내가 볼 수 없는 부분은 다른 사람, 즉 나와 다른 위치에서 내가 보지 못한 다른 면을 볼 수 있는 사람들의 시각을 통해 얻은 정보들의 통합을 통해 사물 전체의 모습을 만든다. 이러한 이유로 다른 의견을 경청하고 그것이 사실인지 아닌지 검증하는 토론과 논리가 발달하게 되었다.

반면 우리 문화에서 사물을 바라보는 관점은 '모든 것이 서로 연결되어 있으며 서로 비추고 있는 밀접한 관계'이다. 대상을 바라볼 때 그것이 속한 모든 것의 관계를 통해 전체 모습을 한 사람이 판단하곤 한다. 그래서 동등한 위치에 있는 사람들의 토론보다는 전체를 살피는 수련을 오래 한 사람, 주로 연장자의 판단을 믿고 따르는 경향이 있다.

이렇게 다른 시작은 일상의 사소한 것에서부터 철학적 가치, 심지어 디자인의 가치까지 동서양의 차이를 만들었다. 영국에 처음 갔을 때 '한국 정원이 무엇이냐'는 질문에 아무리 설명을 해도 그들의 사고의 틀을 가지고는 이해할 수 없다고 대답했던 영국 친구들의 답답한 마음이 이해가 갔다. 그런데 재밌는 것은 시작은 다르지만 끝은 비슷하다는 사실이다. 아무리 다른 사고의 틀을 가지고 다른 방법으로 만들어진 문화들도 비슷한 인간의 본성 때문인지 결과는 비슷하게 나타났다.

다시 말해 다른 문화가 만들어 낸 '다름'이라는 것들도 자세히 들여다보니 규칙적으로 반복되고 있음을 발견할 수 있었다. 그 반복이 다른 장소, 다른 시대에 나타나기 때문에 사람들은 완전히 새로운 것으로 착각할 수밖에 없을 것이다. 예를 들어 프랑스의 정형식 정원은 네덜란드의 정형식 정원과 비슷하고 일본의 고산수식 정원과도 그 맥을 같이한다고 볼 수 있다. 또한 20세기 유행하기 시작한 영국의 풍경식 정원은 한국에서 오래전에 만들던 별서정원의 프로세스와 유사하고, 영국의 코티지 가든 cottage garden 은 우리의 시골 풍경과 비슷하다. 학교 다니면서 조경사 시간에 우리나라 전통 정원 방식으로 배웠던 '내 정원 밖의 풍경을 시각적으로 빌려온다'는 뜻의 차경借景 기법은 영국의 풍경화식 정원 Landscape garden 에 주요하게 나타나기도 한다. 이렇게 하나씩 비교하면서 연구하다 보면 한 시대를 대표하는 정원 문화의 흥망성쇠도 지정학적으로 완전히 다른 공간·시간 속에 비슷한 흐름으로 반복된다는 흥미로운 사실을 발견할 수 있다.

인류는 척박한 환경에서 생존을 위해 정원을 만들기 시작했다. 경제적으로 성장하게 된 후 채소가 꽃으로 바뀌게 되었고

　　　　　1장 사람과 함께 성장하는 정원

부와 권력을 축적한 사람들이 자신들의 힘을 보여 주기 위해 통제된 거대한 정원이 만들면서 문화적 저변이 만들어지기 시작했다. 시민 사회의 발전으로 누구나 쉽게 누릴 수 있는 정원이 만들어지면서 환경, 사람 간의 소통, 힐링 등의 이슈를 해결할 수 있는 중요한 사회적 요소로 계속해서 진보를 이루어갔다. 생존을 위한 정원에서 함께 성장하는 정원까지 발전하는 흐름은 유럽 등 외국 문화에서만 나타나는 것이 아니라 정원을 만들고 있는 모든 나라에 비슷한 흐름으로 나타나고 있다. 그 순환이 지리학적 특징과 자연환경, 그리고 문화적 특징과 어우러져서 아주 새로운 현상으로 보여지기도 하지만 결국 큰 맥락에서 보면 진보된 소재를 통해 진화한 사람들이 반복해서 같은 정원을 만들어 내고 있는 것이다.

2016년 한국으로 돌아와서 본 정원 문화는 19세기말 영국의 정원 문화와 비슷했다. 19세기말 영국에는 이전보다 생동감 있는 초기 자연주의 정원이 등장했다. 17세기 베르사이유 궁전 정원으로 정점을 찍은 프랑스식 정형식 정원이 가진 인위적인 디자인에 대한 싫증과 자연에 대한 갈망 때문이었다. 17세기 당시의 주류이던 프랑스의 정형식 정원은 문화대국을 꿈꾸던 영국이 자존심을 걸고 넘어야 할 산이었다. 많은 철학가와 정원사들이 그림처럼 아름다운 풍경식 정원을 새롭게 만들기 시작했고 곧 새로운 주류로 자리 잡게 되었다. '인위적으로 만들어진 정원은 가짜'라는 기조에서 시작했지만 그림 같은 풍경을 만들어 내고 싶은 욕망이 또 다른 정형

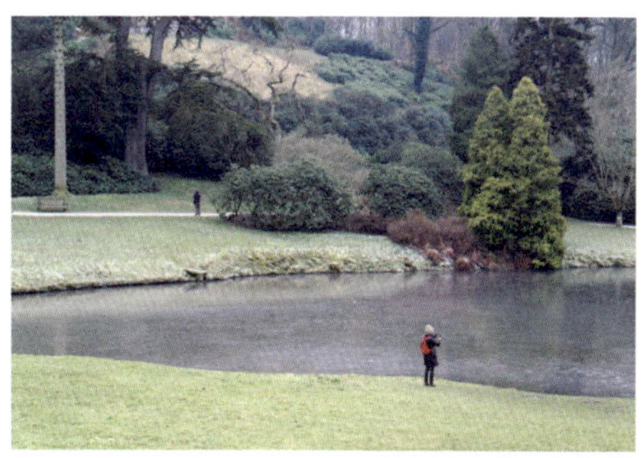

프랑스 베르사유 궁전의 거대한 정형식 정원

〈오만과 편견〉 촬영 장소로 유명한 영국의 풍경식 정원

우리 전통 정원의 대표 주자인 소쇄원

셰익스피어의 아내 앤이 살았던 코티지 가든

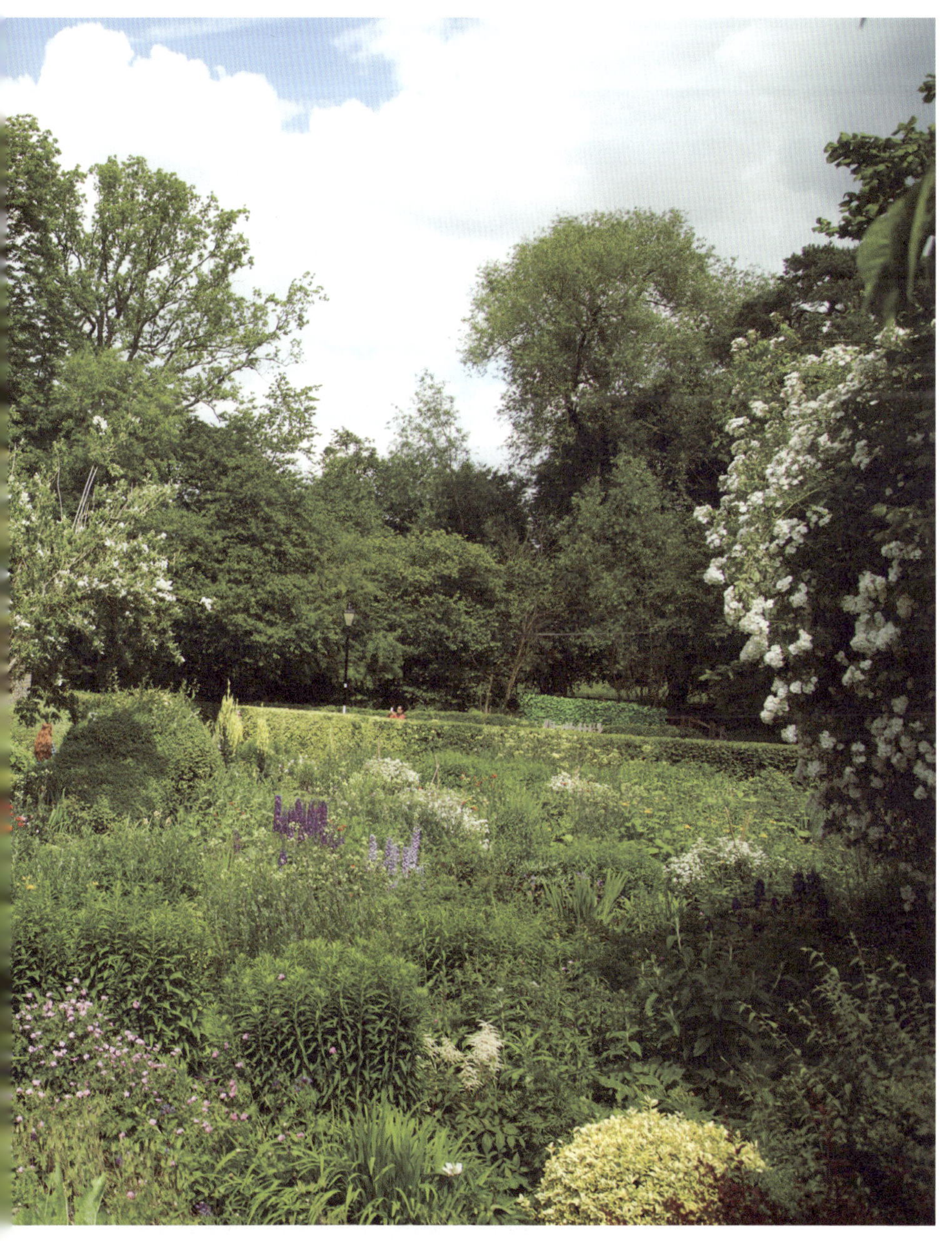

영국 시골의 어느 평범한 가정집 정원

손수 정원을 가꾸시는 90세가 넘으신 할머니

을 만들었다. 이전 버전의 정원보다 자연을 조금 더 닮은 풍경식 정원의 스타일은 새로운 권력과 부를 만나면서 과장된 자연을 만들었다. 한마디로 이 시대의 정원들은 금으로 된 고급 액자에 들어 있는 고가의 풍경화 작품이라고 할 수 있다.

이러한 현상은 19세기 들어 '찍어 낸 아름다움은 가짜'라고 주장하던 아트 앤드 크레프트 운동을 만나면서 변하기 시작했다. 거칠더라도 스스로 만들어 낸 과정이 있는 정원, 다시 말해 누군가가 만들어 낸 것을 그저 바라보기 위한 위해서가 아니라 직접 가꾸기 위한 정원을 만들기 시작했다. 소박한 자연스러움과 정원 일에 참여하여 자연과 소통하는 일들이 정원의 주류로 등장하기 시작했다. 21세기 정원의 대표 이미지인 영국 정원 English garden 을 이야기할 때 빠지지 않는 코티지 가든 스타일은 이미 사오백 년 전에 평범한 사람들이 만들던 정원에서 꾸준히 발전하여 지금의 정원 문화를 이끌고 있다.

우리나라 정원도 생존을 위해 만들어지기 시작했다. 국토의 70%가 산인 특성상 유럽처럼 치열하게 가꾸어야 하는 정원보다는 가까운 자연에서 거둬들인 곡식들을 말리거나 작업을 하는 용도의 넓은 뜰, 마당의 개념으로 발전했다. 또한 오래전 자연은 임금님의 것이자 권세가 있거나 학식이 뛰어난 일부 선비들이 조금씩 빌려 쓰는 대상이었다. 그런 인식에서 부와 권력 또는 학식을 상징하는 별서정원 등이 만들어졌다. 한국전쟁 후의 정원 문화를 이끈 새로운 권력, 신흥 자본가들은 정원을 가꾸기보다는 잘 다듬어진 정원을 소유하기 원했다. 자연과 소중한 교감을 하는 매개체가 아닌 권력과 부를 돋보이게 하는 액세서리 같은 것이었다. 21세기 시민사회의 발달이 고도화되면서 다른 분야와 마찬가지로 정원이 대중들의 문화로 변화하려는 움직임이 점점 나타나게 되었다. 식물 및 정원 마니아들이 '정원은 생활'이라는 메시지를 던졌던 2010년대를 넘어가면서 점차 하나의 트렌드가 되고 파급력 있는 문화를 이루기 시작하였다. 특히 정원 문화의 본질을 '자연을 닮은 아름다움을 추구해야 한다'는 것과 '다른 사람이 만든 걸 감상하는 게 아니라 내 손으로 직접 만들어야 한다'는 데서 찾고자 했다. 이렇듯 유럽과 우리의 정원 문화를 비교해 보면 같은 맥락으로 순환하고 있음을 발견할 수 있다.

2016년 마주한 국내 최고의 테마파크 정원의 첫인상은 19세기 풍경식 정원처럼 귀족이 사는 대저택의 액자 속 그림이었다. 우리나라 최초로 꽃 축제를 개최하여 새로운 정원 문화를 선도한 역사적인 장소지만, 수십 년간 정원과 꽃은 그림 같은 배경에 지나지 않았다. 방문객들도 배경에 그치는 꽃을 소중히 대하지 않고 사진을 찍기 위해 스스럼없이 밟기까지 했다. 식물에 관심이 많은 경영진이 식물이 단순한 배경이 아닌 파크의 주력 콘텐츠가 되게 만들자는 비전을 제시했지만 공감대를 만들기가 쉽지 않았다. 식물은 단기간에 찍어 내는 제품이 아니기 때문에 조성에 시간이 오래 걸린

우리나라 정원의 정수를 보여 주는 창덕궁 후원

정원 문화를 대중화하기 위해 노력한 친구들

정원에 대한 열정을 가지고 있는 사람들

다. 일 년에 한두 번 찾아오는 고객들에게 언제든 최고로 화려한 모습만을 고객에게 제공해야 한다는 생각도 있다. 그러니 때로 비어 있고, 어린 싹이 올라오고, 꽃이 피고 지고, 단풍이 들고 앙상한 가지만 남는 생명 순환의 과정은 콘텐츠로 삼기에 몹시도 적합하지 않았을 것이다. 정원이라 하면 흔히 푸른 잔디와 맑은 하늘, 화려한 꽃들이 가득 핀 속에서 우아하게 차 한잔 마시는 장면을 연상할 듯싶다. 하지만 정작 이러한 모습은 일 년 중 며칠이나 볼 수 있을까? 꽃이 피고 지고 또 피어난다고 해도 한 달을 넘기기 쉽지 않다. 하지만 테마파크를 찾는 이들이 365일 내내 상상 속 화려함을 원하니 정원을 그렇게 유지해야만 상품 가치가 있다는 인식이 대부분이었다. 귀국 후 여기저기에 강의를 다니면서 정원이 액자를 깨고 나와야 한다고 외치고 다녔지만 '결과가 아름다운 정원'에 대한 인식의 전환을 만들기가 쉽지 않았다. 한때 '지속 가능한'이라는 키워드가 조경계의 화두가 된 적이 있었으나 한계가 있었다. 화려한 3주 외에 피고 지고 비어 있는 다양한 과정을 지나야 한다는 이해에까지 다다르지 못했다. 설계 내용을 보면 1년 내내 아름답게 지속될 것 같고, 디자이너는 알고도 속이고 클라이언트도 알고도 속는 일이 반복되었다.

　　　　그래도 꾸준한 문제 제기를 통해 서서히 인식의 변화를 시도했다. 이 변화에서 나는 동참 정도가 아닌 이끄는 주체가 되었으면 했는데 하나의 거대한 쇼가든을 표방하고 있는 테마파크 정원에서 근본적인 변화를 만들기가 쉽지 않았다. 다소 시간이 걸리더라

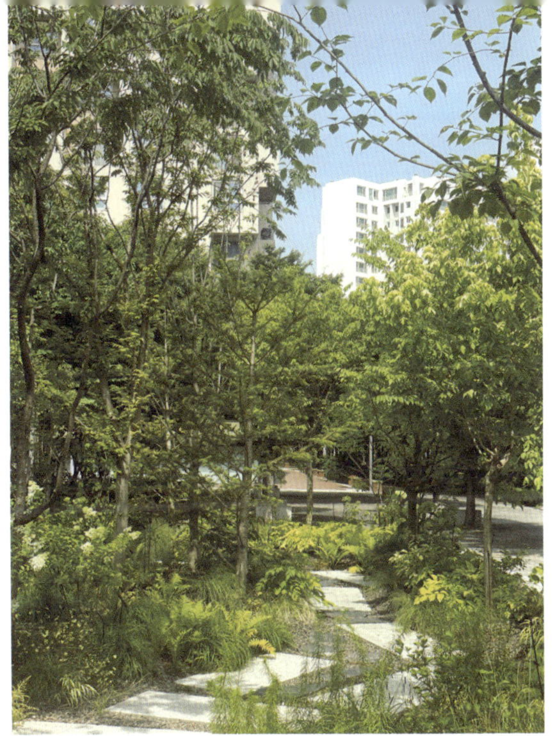

그림처럼 만들어진 아파트 외부 공간들

공공의 공간에 조성된 녹지들

  1장 사람과 함께 성장하는 정원

도 전략적으로 접근하여 한 단계씩 풀어나가야만 했다. 한 걸음씩 전진하면 정원과 꽃을 보는 인식도 변화될 것이고, 그러면 거기서 또 한 걸음 나아가고 이것이 반복되다 보면 정원이 액자를 깨고 살아 있는 생명체로 거듭날 수 있게 되지 않을까?

첫 번째 전략은 '정원에는 그저 눈에 보이는 아름다움만이 아니라 깊은 철학적·미학적 가치가 있다'는 것을 사람들에게 전하는 것이었다. 이때부터 정원과 철학, 정원의 미학 등을 주제로 강의도 다니기 시작했다. 정원을 만든다는 것은 아름다운 자연을 곁에 두기 위한 이기적인 인간의 행동이 아닌 자연과 솔직하게 소통하기 위한 가장 원초적인 행위임을 이야기했다. 사람과 식물들의 영역을 완벽하게 갈라놓았던 정원이 아닌, 사람과 식물들이 친밀하고 자유롭게 소통하는 그래서 함께 성장하는 정원을 꿈꾸며 2017년을 맞이했다.

경계를 허물어 정원이 되다

2017년 정원 콘셉트를 고민하던 중 아내가 추천해 준 책을 읽다가 무릎을 탁 치게 되었다. 아름답고 서정적인 시를 많이 쓰신 '섬진강 시인'이 쓴 『김용택의 어머니』 속 한 구절 때문이었다. 초등교육의 기회도 누리지 못한 채 한평생 자연에서 지내신 시인의

여기저기 흐드러지게 핀 들꽃들

어머니가 "꽃도 사람이 있어야 꽃이다"라는 말씀을 하셨다. 이것이
어느 철학자의 말보다 깊은 울림을 주었고 많은 생각을 하게 했다.
진정한 가치는 사람들이 쉽게 이해할 수 있는 것이어야 한다고 생
각한다. 멋있어 보이거나 있음직해 보이는 유명 철학자들의 말 중에
는 도무지 이해가 어려운 것도 많아서 온전히 내 것으로 흡수하기
는 힘들었다. 하지만 현실 생활의 체험에서 우러나온 노모의 한마디
가 가진 무게감은 너무도 대단했다. 이 한 줄로 그동안 구구절절 이
야기했던 나의 정원 철학을 쉽게 설명할 수 있었다. 이때부터 매년

 1장 사람과 함께 성장하는 정원

사람과 함께하는 식물들

사람과 소통이 자유롭게 이루어지는 유럽 정원 1

1장 사람과 함께 성장하는 정원

사람과 소통이 자유롭게 이루어지는 유럽 정원 2

그해의 정원 콘셉트를 짧은 한 문장으로 만들어 담당 스태프들과 나누었다. 이를 함께 고민하고 정원을 만들어 가는 이정표로 삼았다. 이듬해의 한 줄 문장을 만들기 위해 반년 이상은 고민했던 것 같다. 궁극적으로 만들고 싶은 정원의 모습에 전략적으로 접근하면서 직관적이고 쉽게 만드는 것이 쉽지는 않았다. 그 첫 단추가 된 것이 바로 "꽃도 사람이 있어야 꽃이다"였다.

그동안 여기저기 흐드러지게 피어 있던 꽃들, 그리고 우리를 즐겁게 만들어 주었던 꽃들은 살아 있는 꽃들이 아니라 화면 속처럼 생명이 없는 가짜 꽃들이었다. 꽃들에게 생명을 주기 위해서는 '생태, 환경, 지속 가능' 이런 거창한 키워드가 아니라 '사람'이었다. 사람과 꽃이 함께 있지 못하면 아무리 좋은 기교로 꽃을 연출해도 죽은 것과 마찬가지인 것이다. 테마파크의 정원이지만 현란한 기교를 위한 낭만적인 정원을 만드는 것이 아닌 소소한 일상에서 살아 있는 꽃들을 체험하면서 누리는 진정한 정원의 낭만을 꿈꾸기 시작했다. 그동안 꽃은 가득 심어 놓았지만 꽃을 꽃답게 만들지 못했던 스스로를 반성하면서 정원을 정원답게 만들기 위한 긴 여정을 설레는 마음으로 시작했다. 이때부터 내가 진행한 모든 프리젠테이션 도입부에 "꽃도 사람이 있어야 꽃이다"를 인용하여 우리가 만들고자 하는 정원의 비전을 제시했다. 당시 얼마나 자주 언급했던지 그해 설맞이 이벤트로 열린 캘리그래피 행사에서 옆자리에 있는 그룹장께서 이 문구를 써서 내게 선물해 줬을 정도였다. 많은 직원들이

　　　　　1장 사람과 함께 성장하는 정원

이 방향성에 관심을 품고 공감해 주기 시작했다. 나 역시 신년 선물로 이 문장을 글씨를 써서 스태프들에게 나누어 주기도 했다.

'꽃과 사람의 관계'를 정원 만들기의 시작으로 생각하고 막상 테마파크 정원을 둘러보니 숨이 턱 막혔다. 가장 눈에 거슬리는 것이 울타리였다. 정원을 숨 쉬지 않는 액자 속 그림으로 만든 주범이 아니었나 싶었다. 하긴 우리나라에서 울타리 없는 공원이나 정원은 거의 없었으니 산을 제외하고는 모두 액자에 갇혀 있었다고 해도 과언은 아니었을 것이다. 이용 행태를 보면 마치 쫓고 쫓기는 추격전 같았다. 들어가지 못하게 하려는 목적으로 디자인하는 조경가들과 창의적인 방법으로 월담을 하는 이용자 간의 실랑이. 정원이 사적인 영역이 아닌 공적인 영역에서 공원이란 형태로 발전해 왔기에 어쩔 수 없는 현상이었다고 생각하는데 이제는 틀을 깨야 할 때가 왔다고 생각했다. '꽃도 사람이 있어야 꽃이다'라는 문장, 꽃에 진정한 가치를 더하는 존재가 사람이라는 이 단순한 문장은 많은 사람들의 마음을 움직였고 정원을 정원답게 만드는 시작점이 되었다.

정원에서 식물이 자라는 과정의 아름다움을 즐기기 위해서는 사람과 꽃이 가까이에서 서로 소통하여야 한다. 테마파크 정원의 화단은 모든 구역이 관리상의 이유로 물리적인 울타리가 둘러져 있었다. 이는 사람과 꽃의 단절을 가져왔고 꽃은 배경으로 밀려나고 화려한 구조물들이 주인공이 되어 정원이 아닌 화단으로, 살아 있는 정원이 아닌 액자에 갇힌 그림이 되어 버리는 악순환이 계속 되어온

울타리로 둘러싸여 있는 에버랜드 정원

'들어가지 마시오' 푯말이 전혀 어색하지 않은 공간

것이다.

정원의 모든 구역에 울타리가 있었던 이유는 물리적으로 막아놓지 않으면 사람들이 꽃을 밟아서 복구하는 데 많은 비용이 든다는 것이었다. 사람은 꽃을 밟는 파괴자로, 꽃은 고이 모셔야 할 존재로 명확하게 나누어 놓고 관리를 했지만 고객들은 끊임없이 담을 넘어 꽃으로 다가갔다. '깨진 유리창의 법칙'이 정원에서도 일어났다. 깨진 유리창 하나를 방치하면 그것을 중심으로 범죄가 확산된다는 이론으로 정원에도 누군가 짓밟은 꽃을 중심으로 더 많은 사람들이 꽃을 밟았다. 누군가 아주 예쁜 화단의 담을 창의적으로 넘으면서 한두 송이 꽃은 기꺼이 밟았고, 한 명의 발자국이 난 그곳은 모두가 담을 넘는 특별히 아름다운 곳으로 변해 버렸다. 확산을 막기 위한 복구 비용은 끊이지 않고 들었다.

다가가려는 고객과 이를 막으려는 관리자들의 지루한 싸움을 끝내기 위해 더 높고 튼튼한 울타리를 만드는 대신 역으로 걸어 내기로 결정했다. 인간의 본성이 기본적으로 '아름다운 것을 파괴하는 것이 아닌 소중히 대하고 싶어 한다'는 믿음을 가지고 시작했다. 심리학에 '진실 기본값 이론Truth-default theory'이라는 것이 있다. 팀 러버인이라는 심리학자가 주창한 '무작정 타인이 정직할 것이라 믿는' 이론이다. 타인을 무조건 믿으면 안 된다는 부정적인 결론을 말하지만 이는 인간은 기본적으로 모든 것이 선하리라는 믿음을 가지고 있다는 반증이 될 것이다. 나도 아름다운 것을 소중히 다룰 것이라는 진실을 기본값으로, 그리고 정원을 정원답게 만들기 위해서 울타리를 걷어 내고자 했다. 또한 꽃에 진정한 의미를 부여하기 위해서 더 이상 배경에 그쳐서는 안 된다고 생각했다. 화려함을 보여 주는 화단이 '함께 성장하는 정원'으로 변하기 위해서는 사람과 꽃이 자유롭게 소통할 수 있는 공간을 만들어야 했다. 그리고 영국에서 경계가 없는 많은 정원에서 행복해 하던 사람들의 모습, 서로의 적당한 거리를 유지하면서 아름답게 만들어지던 정원과 사람들의 모습을 지켜본 기억이 있었다. 펜스를 걷어 내면 그동안 잘 모르던 정원의 즐거움을 느낄 수 있고 함께 성장할 수 있을 것이라는 확신으로 결정하고 시행하려고 했다. 2017년도 표어인 "꽃도 사람이 있어야 꽃이다"의 의미 있는 시작이라고 생각했다.

하지만 내부적인 저항이 생각보다 만만치 않았다. 울타리를 제거해선 안 된다는 수만 가지 이유가 들려왔다. 가장 많은 우려는 고객을 믿지 못하는 데서 왔다. '고객들의 행태는 전혀 예측 불가하고 그나마 방패가 되던 장치를 제거하면 통제가 되지 않아 정원은 완전히 망가질 것'이라는 의견이 가장 많았다. 한 번도 경험해 보지 않은 시도이기에 두려움이 있을 것임은 예상했지만 이렇게 이유가 많을지는 몰랐다. 심지어는 많은 고객들이 울타리에 걸터앉아 쉬기 때문에 안 된다고도 했다.

항상 느끼는 일이지만, 새로운 일을 추진할 때 안 되는 이유 99가지를 말하는 사람들이 될 수 있는 가능성 한 가지를 말하

울타리를 걷어 내기 시작한 날

꽃과 소통하기 시작한 고객들

누가 꽃이고 무엇이 사람인지

는 사람보다 훨씬 많다. 물론 나도 새로운 아이디어를 가지고 토론을 하면 그동안의 경험치를 바탕으로 '그거 예전에 해 봤는데 이러한 이유 때문에 안 된다'고 말할 때가 많았다. 그런데 여기서 놓치고 있었던 사실은 내가 한 경험은 과거이고 이미 흐른 시간이 가능성을 더욱 높게 만들었다는 것이다. 내가 이전에 실패한 무언가가 이제는 가능한 현재가 또는 미래가 되었다는 사실을 인정하면 나의 가치가 훼손될 것 같은 두려움도 많았다. 하지만 그것이 나를 성장시켜 줄 수 있는 동기가 되었음을 나중에 깨달을 수 있었다. 구구절절한 설명과 설득을 통해 최종적으로 울타리를 걷기로 결정했고 공사 일정도 수립했다.

드디어 펜스를 제거하는 날이 되었다. 나름 의미 있는 순간을 보기 위해 현장에 나가려는 순간, 우리 팀에서 가장 경험이 많고 믿음직한 후배가 와서 "정말로 펜스 없애실 건가요?"라며 한 번 더 확인을 했다. 아직도 그 못 미더워 하던 표정과 서운했던 나의 마음이 기억난다.

공사는 차근차근 진행되었고 한 번에 모든 울타리를 제거하지는 못했고 하나씩 하나씩 차근차근 진행해 나갔다. 우선 내부 평가는 좋았다. 펜스로 가로막혀 한계를 느꼈던 정원에 한 단계 발전한 연출을 할 수 있게 되었고 이전과는 완전히 다른 모습을 고객들에게 전달해 줄 수 있었다. 꽃을 더욱 가까이서 볼 수 있게 되었고 꽃의 향기를 맡거나 꽃의 질감을 느낄 수 있게 되었다. 재밌는 것은

　　　　　　　　　　　　　1장 사람과 함께 성장하는 정원

울타리 철거는 많은 고민이 필요했던 문제였지만 고객들은 애초에 펜스가 없었던 것처럼 너무 자연스럽게 정원을 즐겼다. 일단 성공적이었다. 사람들과 꽃이 함께 어우러지는 모습이 보기 좋았고 정원이 더욱 살아 움직이는 것 같아 보였다. 예전에는 사람들만 바쁘게 움직이고 꽃은 그 자리에 덩그러니 놓여 있었다면 지금은 사람들은 바쁘게 꽃을 만나러 다니고 꽃들도 역시 바쁘게 사람들을 만나고 있었다.

사실 울타리를 제거하는 것은 아무것도 아닐 수 있다. 이렇게 길게 글을 쓸 만큼의 가치가 있는 일일까 생각할 수도 있다. 일전에 '정원의 혁명'이란 제목으로 강의를 다닌 적이 있다. 제목을 보고 청중은 깜짝 놀랄 이야기를 기대했지만, 막상 나온 화단 울타리를 제거하는 혁명 이야기에 심드렁해 하던 경우도 있었다. 강의를 마치고 한번은 이런 소감도 들었다. 처음에는 '자극적인 제목으로 억지를 부리는 것 아닌가?' 생각했지만 강의를 들으며 스스로 인식이 변하고 있음을 깨달았다는 얘기였다. 작지만 바꾸기 힘든 변화였고, 그 변화의 실천으로 인식의 틀이 달라지고 그 결과로 새로운 문화가 시작된 것을 생각하면서는 이것이 진정한 혁명이었구나 느꼈다는 말씀이었다. 완전히 새로운 것을 만드는 것이 혁명이지만 본질로 돌아가게 하는 것도 혁명이었던 것이다.

혁명이 지난 자리는 어땠을까? 많은 이들의 염려처럼 몰지각한 사람들의 발자국에 화단이 망가졌을까? 아니면 기적이 일어났을까?

울타리를 제거하고 9번째 시즌이 마칠 때까지 펜스 제거로 인한 관리비 증가나 고객 컴플레인도 없었다. 오히려 펜스가 있을 때보다 화단의 훼손 면적이 크지 않았다. 오히려 사람들은 꽃을 가까이서 볼 수 있게 되자 더욱 조심해서 사진을 찍었고 조심스레 산책을 했다. 사람과 꽃 사이의 경계를 허무니 비로소 정원이 액자를 박차고 나와 살아 숨쉬는 공간이 되기 시작하고 사람들과 소통하기 시작한 것이다. 자유를 경험한 정원이 마음껏 성장하면서 그곳을 즐기는 사람들, 그곳을 만드는 사람들도 함께 성장할 것이다. 이것이 정원의 혁신이 아니면 무엇이 혁신이라 할 수 있을까?

정원사는 정원의 한 요소

2017년 부서 명칭이 바뀌었다. 식물환경그룹에서 식물콘텐츠그룹으로 변경하면서 식물과 정원이 단순히 환경을 예쁘게 장식하는 것이 아니라 콘텐츠가 되어야 한다는 비전을 담았다. 콘텐츠란 무엇일까? 원래는 각종 디지털 매체를 통해 제공되는 정보를 통칭하는 말이다. 하지만 이보다는 문화적인 측면으로 발전되어 다양한 매체로 제공되는 각종 글, 그림, 영화, 문화재 등 문화적 성격

　　　　　　　　　　　1장 사람과 함께 성장하는 정원

편안한 잠자리 이외의 다양한 콘텐츠로 여행 문화를 선도하는 숙박업소

제주도의 문화를 담고 있는 숙박시설

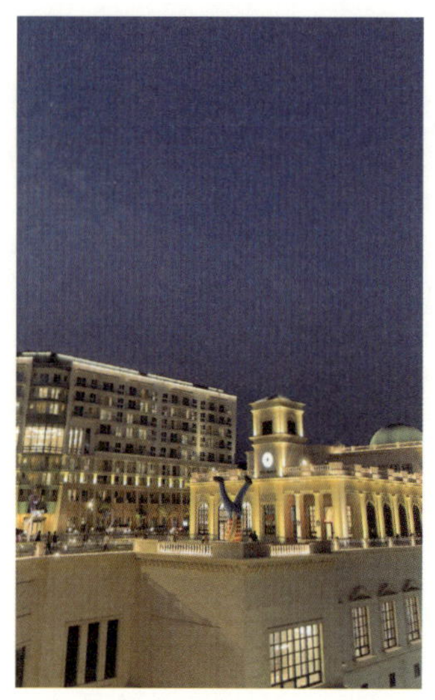

공간이 콘텐츠가 된 호텔

을 가진 내용물을 다양한 기술을 통하여 산업적으로 발전시킨 것으로 확대 해석하는 것이 맞을 것이다.

식물과 정원이라는 공간이 콘텐츠가 될 수 있을까? 많은 사람들이 의문을 가졌지만 실제로 공간이 콘텐츠가 된 사례는 유럽에 많이 있다. 공간 자체가 다양한 매체의 하나가 되고 그 안에서 각종 문화적 성격을 가진 내용물들이 발전했다. 예를 들어 호텔의 경우에도 공간이 콘텐츠화되면서 여가 문화를 바꾼 사례이다. 호텔이 그저 머무르는 공간에 그쳤다면 하루 잠만 잘 자면 되는 편한 공간 그 이상도 이하도 아니었을 것이다. 하지만 그 안에서 생산할 수 있는 다양한 문화들을 콘텐츠화시켜 큰 틀에서 여가 문화를 변화시키고 선도해 나가는 역할을 하게 되었다. 공간 디자인이 이러한 문화적 형태를 담을 수 있도록 발전하여 부티크 호텔이나 풀빌라 등의 새로운 형태로 끊임없이 변신하면서 공간 자체가 콘텐츠가 되었다. 요즘은 주변에 볼거리보다 숙박 시설의 콘텐츠에 따라서 관광 산업의 흥행 여부가 달려 있다고 해도 과장이 아닐 것이다.

정원은 아주 오래전부터 콘텐츠화되어 발전해 온 형태라고 볼 수 있다. 정원은 채집생활을 하던 인류가 우연히 뱉은 과일 씨앗으로 인해 만들어지게 된, 즉 인류의 생존을 위한 공간으로 시작했지만 다양한 문화와 지리적·기후적 특징이 결합되면서 아름다운 정원으로 발전해 왔고, 처음부터 자연과 인간의 관계가 콘텐츠가 되어 다양하고 재미있는 이야기를 많이 만들어 냈다. 천국을 상징하

     1장 사람과 함께 성장하는 정원

그레이트 딕스터 가든

는 이슬람 정원에서부터 절대 권력에 대한 이야기를 간직한 프랑스의 정형식 정원, 자연을 소유하고 싶은 인간의 욕망을 표현한 풍경식 정원, 그리고 인간과 자연의 소탈한 관계를 보여 주는 영국의 코티지 가든처럼 공간으로서의 정원들이 있다. 유럽은 계절별로 아름다운 정원을 찾아 여행을 하는 것도 일반적인 놀이 문화이고 여러 군데 정원을 즐길 수 있게 하는 상품도 많이 있다. 개인적으로 가장 좋아하는 정원인 그레이트 딕스터 가든은 정원의 주인인 크리스토

정원 일을 하고 있는 정원사들

퍼 로이드Christopher Lloyd의 정원 철학을 바탕으로 눈에 띄게 아름다운 정원을 만들어 냈고 시골 마을의 산업도 변화시켰다. 많은 사람들이 아름다움을 경험하고자 정원을 방문하고 정원에서 주최하는 다양한 행사나 교육 프로그램에 참여하고 있다. 정원이라는 공간이 하나의 즐기는 문화가 되고 산업이 된 사례이다. 이렇게 정원은 공간으로서 콘텐츠를 생산해 내고 있고 사람들은 정원이라는 아름다운 제품을 구매하기 위해 마땅히 비용을 지불하고 있다. 그런데

     1장 사람과 함께 성장하는 정원

이용객들로만 북적이는 한국의 정원들

정원이 만들어 낸 콘텐츠는 물건을 구매하는 것에서 그치지 않고 사람들을 팬으로 만들어서 시간과 에너지를 비용과 함께 기꺼이 지불하게 만든다. 자세히 들여다보니 이곳의 팬으로 만드는 것은 정원의 공간적 콘텐츠가 아니라 정원을 만들고 있는 사람들이다. 그레이트 딕스터의 경우 정원의 주인이자 헤드 가드너였던 크리스토퍼 로이드는 다양한 이야기와 그가 실험적으로 시도했던 정원 만들기, 색깔과 정원에 대한 다양한 경험, 반려견과의 교감, 어머니의 사연 등 많은 이야기를 생산해 냈다. 이런 이야기들은 시간이 지나면 지날수록 가치가 더해진다. 팬이 된 많은 이들이 아주 외진 시골 마을에 기꺼이 와서 시간과 에너지를 투자한다. 심지어 한국이나 일본에서는 정원사 인턴 과정을 하기 위해 많은 돈을 지불하고 정원에서 일을 하기도 한다.

이렇게 문화적인 현상으로 나타나는 정원을 공부하기 위해 나도 많은 정원을 다녔다. 거의 모든 정원에서 한국에서 볼 수 없는 신기한 광경도 여럿 보았다. 바로 정원사들이 정원 운영 시간에 마음껏 작업을 하고 있는 것이었다. 그중에서 아주 인상 깊었던 만남은 존 브룩스의 정원을 친구들과 방문한 때였다. 지금은 고인이 된 존 브룩스는 영국 여왕과도 친분이 있고 21세기 최고의 정원사로 명성이 높았다. 아름다운 정원을 넋을 놓고 둘러보고 있는데 화단 한쪽에서 백발의 노인이 연장을 들고 작업을 하고 있는 것을 발견했다. 허름한 옷차림에 능숙하지 못한 손놀림으로 정원 일을 하고 있었다. 이렇게 명성 있는 정원에 일하는 사람치고는 조금 실망스럽다 생각하면서 다시 정원 감상에 집중하고 있는데 아까 그 얼굴이 너무 낯익었다. 잡지에서 무수히 봤던 존 브룩스 같았다. 용기를 내서 "혹시 존 브룩스 씨 맞나요?"라고 묻자 빙긋이 웃으며 맞다고 했다.

여러 면에서 충격적이었다. 세계적인 명성의 정원사가 직접 일을 하고 있는 자체도, 게다가 사람이 가장 많이 몰리는 시간이었다는 점도 나에게는 낯선 광경이었다. 한국에서는 정원 관람 시간에는 작업을 하지 않는 것이 원칙처럼 지켜지고 있었기 때문이다.

  1장 사람과 함께 성장하는 정원

에버랜드 정원사들 1

에버랜드 정원사들 2

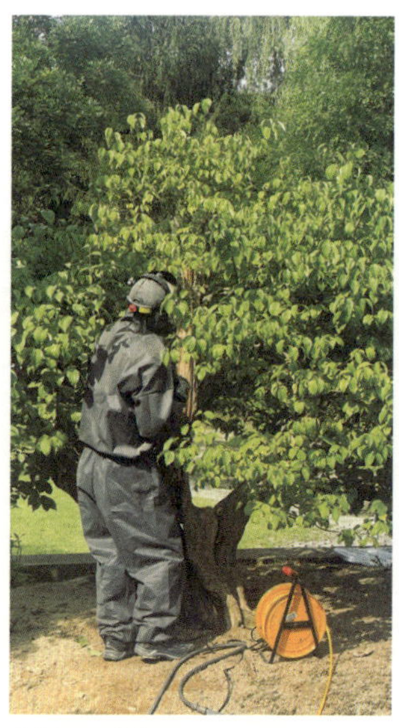

에버랜드 정원사들 3

그리고 거의 모든 조경 시설은 헤드 가드너에 의해서 관리되는 것이 아니라 최저가 입찰로 선정된 업체에서 빠르게 손보는 것이 너무나 당연한 것이었다. 정원사의 손맛이 아닌 '돈맛'으로 관리된다고 해도 과장이 아닐 것이다.

영국 친구들을 데리고 한국 전통 정원을 대표하는 소쇄원을 방문한 적이 있었는데 친구들이 이렇게 아름다운 정원을 가꾸고 있는 헤드 가드너를 만나고 싶어 했지만 만날 수 없었다. 왜냐하면 애초에 그런 역할이 존재하지 않았기 때문이다. 참으로 희한하다는 표정으로 가드너 대신 나물 뜯는 동네 아주머니들로 가득 찬 전통 정원을 바라보던 친구들의 표정이 아직도 눈에 선하다.

이렇듯 우리는 정원이라 하면 꽃만 생각하지 시간과 함께 아름다움을 만들어 가는 정원사의 손길을 거기에 포함되는 하나의 요소라고 생각하지 않는다. 그러다 보니 정원 문화가 많이 발전했지만 여전히 소비하는 것에만 머무는 실정이다. 안타깝게도 진정한 팬이 되어 기꺼이 시간과 에너지를 투자하는 문화까지 나아가지 못했다.

테마파크 정원에서 일하기 시작하면서 꽃과 사람의 거리는 좁혔지만 여전히 정원사는 멀리 있어야만 했다. 에버랜드 정원은 오전 개장 후에는 어떤 작업도 하지 못하는 원칙이 지켜지고 있었다. 작업자들이 왔다 갔다 하면 고객들이 불편하게 생각한다는 이유로 아무리 필요한 작업이 있어도 새벽이나 밤 시간에 진행해야 했다. 한여름 땅이 바싹 마르는데도 낮에는 물을 줄 수도 없는 것이 현실이었다.

무엇보다도 아쉬운 것은 정원을 가꾸고 있는 사람들의 노력을 전혀 가치 있다고 생각하지 못한다는 사실이었다. 성리학 기반으로 직업 귀천을 나눈 '사농공상'이라는 특별한 정서가 남아 있어선지 현장에서 일하는 사람들을 천하게 생각하는 인식도 다분히 있는 듯했다. 정원사들은 현장에서 흙을 만지며 작업하기 때문에 항상 손이 지저분하고, 옷에 흙이 묻어 있는 경우가 많은데, 화려한 옷을 입고 하루의 특별한 경험을 위해 테마파크에 놀러 오는 고객들에게 불편함을 준다는 생각들을 했던 것 같다.

영국에 있는 동안 가끔 정원 투어 가이드를 할 때가 있었다. 그때마다 많은 사람들이 사진을 찍는 장면은 예쁜 꽃들과 정원사가 자연스럽게 함께 있는 순간이었다. 정원사들이 하루종일 자유롭게 일하며 정원을 만들어 가고 있었고 그 모습들이 어떤 꽃보다도 아름답게 전해졌다. 외국에 나가면 정원에서 일하는 사람들을 멋지게 보기도 하면서 왜 국내에 돌아와서는 일하는 정원사들을 낮추어 보게 되는 것일까? 여러 이유가 있겠지만 아직 가치를 제대로 알지 못하기 때문이 아닐까 하고 생각했다. 유럽의 유명 정원마다 정원을 대표하는 정원사가 있지만, 우리나라는 국가정원 1호인 순천만 정원에조차 대표 정원사가 없었다. 에버랜드에도 대표 정원사가 없는 것은 마찬가지였다. 또한 지금까지도 정원사라는 직군은 우리나라 포털 사이트의 직업군에 포함되지 못하고 있다. 정원과 정원 산업이 성장하려면 가장 중요한 요소인 정원사의 성장이 필수적이다. 하지만 정원의 성장은 원하면서도 정원사의 성장에 대한 관심은 많이 부족했다.

현장에서의 정원 일을 통해 정원사와 고객이 소통할 수 있게 만드는 것은 정원 울타리를 없애는 것보다 더 어려운 일이었다. 정원 디자인을 하던 스태프들에게 전정가위를 하나씩 쥐어 주고 각각의 정원의 담당으로 지정해서 그 정원의 헤드 가드너가 되게 했다. 그리고 내가 먼저 전정가위를 들고 현장으로 나갔다. 장미원으로 나가서 장미 전정을 시작했다. 부서장이 전정가위를 들고 현장에서 작업하는 모습을 한 번도 본 적 없던 사람들은 굉장히 낯설어 했다. 스태프가 관람객 방문 시간 중에 가위를 들고 작업을 했다면 분명 한 소리 나왔을 텐데 내가 직접 작업하니 크게 문제를 제기하는 사람이 없었다. 스태프들도 재미있어하는 듯했다. 가위를 들고 파크를 걸어 가다가 안전 담당에게 위험물에 대한 지적을 받은 직원도 있었지만 그래도 점차 정원에서 고객들과 섞여 정원 일을 하는 모습이 그리 낯설게 느껴지지 않게 되었다. 때마침 여름에 가뭄이 들어 관수용 호수로 정원에 한낮에도 슬그머니 물을 줄 수 있게 되었다. 지금 물을 주지 않으면 큰 피해가 올 거라고 협박 아닌 협박, 사정 아닌 사정을 했다. 봄 시즌이 끝난 후에는 현장직인 아닌 디자이너들에게까지 전정가위를 들려 뜨거운 여름 장미 전정을 함께했다. 화려한 봄을 연출했던 장미원에서는 계절 변화에 따라 꽃잎을 다 떨군 모습도, 정원사들의 가위 소리로 가득 채우며 다음 시즌을 준비하는 모습도 자연스레 드러내게 되었다. 이를 통해 성장하는 정원 그대로를 보여줄 수 있었다. 당시 부사장님께서도 손수 전정가위를 들고 한여름에 장미 전정을 하러 나오시기도 했다. 그사이 시간이 흘러 정원이 성장하듯 사람들도 함께 성장했다. 전국적으로 정원 열풍이 불었고 각 지방 자치 단체나 민간 단체에서 시민 가드너, 마스터 가드너 등의 교육 과정도 많이 생겼고 공원에서도 이분들을 중심으로 정원 일 자원 봉사를 하는 모습도 많이 볼 수 있게 되었다. 정원사들이 정원에서 꽃을 가꾸는 모습이 보이게 되자 정원이 비로소 생명을 갖게 된 것처럼 느껴졌다.

테마파크 정원에도 정원사들이 활동하기 시작하자 정원에 이전에 없었던 생기가 돌게 되었고, 정원을 디자인하는 스태프들도 식물의 특성과 공간의 특성을 현장에서 실질적으로 경험함으로써 정원 연출력이 향상되기도 했다. 책상에 앉아 예쁘기만 한 그림에서 점차 살아 있는 그림을 그리기 시작한 것이다.

함께 일하는 정원사들이 SNS 채널에 자주 등장하면서 공간을 소비하던 문화가 정원사들과 함께 기꺼이 에너지와 시간을 투자하는 문화로 변해 가는 모습도 지켜보았다. 보다 적극적으로 정원사란 직업군을 사람들에게 전달하기 위해 유튜브 채널을 운영하기도 했다. 아주 많은 구독자 수에 다다르지는 못했지만 탄탄한 팬

층은 모을 수 있었다. 정말 감사하게도 전달하는 콘텐츠에 기꺼이 시간을 투자하는 분들이 많았고, 정원사와 정원 분야에 대한 인식도 어느 정도 변화시킬 수 있었다. 영상이 사라지는 것이 아니니 언젠가는 알고리즘이 좋은 것들을 더욱 널리 알려 주지 않을까 하는 기대도 해 본다. 정원이라는 공간에 정원사들이 일하는 경험을 고객들에게 보여 주기 시작하면서, 단순히 비용을 지불하는 소비가 아닌 시간과 에너지를 투자하는 고객들이 늘어나기 시작했던 것처럼 말이다.

여러 해 작업을 통해 비로소 사람과 꽃이 가까워졌고 꽃이 꽃답게 되었다. 내가 생각하는 정원을 정원답게 만들기의 시작이었다.

　　　　　　　1장 사람과 함께 성장하는 정원

2
장

아름다움은
함께 자라는 것

꽃도 예쁘고
너도 예쁘다

꽃에 대한 집착

식물에게 가장 화려하고 아름다운 순간은 꽃을 피우는 순간이다. 그래서 사람들은 꽃의 아름다움에 모든 관심을 쏟곤 한다. 하지만 한 송이의 꽃을 피우기 위해서 땅속에 있는 뿌리가, 때로는 아픈 가시를 품고 있는 줄기가, 그리고 해마다 누구보다도 열심히 자신의 역할을 다하고 마지막에 생명을 다해 떨어지는 나뭇잎들이 얼마나 중요한 역할을 했는지, 아니 얼마나 아름다운 존재들인지는 관심을 가지지 않는다.

전국에서 열리는 식물 관련 축제 대부분은 꽃이 테마가 된다. 이러한 꽃 축제들은 꽃을 소비하게 만들 수는 있지만 문화를 만들기는 어렵다. 소재나 타이틀만 바뀔 뿐이지 내용은 때와 장소를 가리지 않고 유사하다. 화려한 꽃이 벌과 나비를 끌어모으듯이 사람들을 끌어모아 꽃과 그보다 더 많은 그 외 것들을 그저 소비하게 만

   2장 아름다움은 함께 자라는 것

든다. 아무 축제장에나 나타나는 판매 부스를 비롯해 꽃과는 전혀 상관없는 것들이 난무하는 현실을 보면 잘 알 수 있다. 그럼에도 불구하고 꽃 피는 시기가 오면 어김없이 많은 사람들이 전국 각지로 이동하여 화려한 꽃을 보며 먹고 마시며 계절을 즐긴다. 이런 것을 보면 꽃이 가진 매력도는 지구상 어떤 것과 비교해도 떨어지지 않을 듯하다.

테마파크에 근무하면서 이른 봄이 되면 정말 많이 받는 질문이 있다. '올해 튤립, 매화, 장미 등의 봄꽃이 언제쯤 가장 화려하겠느냐?' 하는 것이다. 나아가 꽃 피는 시기를 '조절'할 수 없냐는 요청도 많이 받는다. 그럴 때면 매년 봄마다 '작두를 한번 타야겠다'거나 '신께 물어보겠다'고 농담하곤 한다. 바쁜 현대인의 삶을 생각하면 마음은 이해된다. 아름다운 꽃을 통해 자연을 집약적으로 즐기고 이를 통해서 어두운 마음을 치유하고 싶은 것일 테다. 하지만 이러한 '꽃' 소비가 지속되다 보니 식물의 가치가 본질에서 벗어나고 있는 것은 아닌지 우려된다. 현재 식물은 '얼마나 우리 생활에 이로움을 주는가' 또는 '얼마나 화려한 꽃을 피우느냐'에 따라 가치가 매겨진다. 꽃의 가치가 대중이 관심을 가지고 있는 화려한 꽃에 달려 있다 보니 정원이 아닌 실험실에서 가치가 만들어지곤 한다. 미디어에 노출되는 빈도를 보더라도 꽃 사진이 식물 사진의 대부분을 차지한다. 이미지로 모든 것을 소비하는 현대인들에게 아름다운 꽃만큼 매력적인 자연은 없는 듯 보인다. 새로운 품종을 개발하는 육

전국의 꽃 축제

2장 아름다움은 함께 자라는 것

영국의 플라워 쇼

종의 목표가 새로운 꽃을 만드는 것이 되어 버린 지 오래고, 새로운 꽃은 좀 더 자극적인 색깔과 향기, 모양이 될 때 인정받는다. 한 예로 장미를 들 수 있다. 구조상 파란색 꽃을 만들 수 없는 생명체이지만 많은 이들이 푸른 장미를 원했기에 결국 유전자를 조작하거나 임의로 염색을 하는 방법까지 동원되었다. 위대한 자연의 이치 앞에 그 노력은 번번히 실패하고 말았고 결국은 궁색하지만 보라색에 가까운 장미를 푸른 장미로 소개할 수밖에 없었다.

과학이 발달하게 되면서 육종을 할 때 식물체에 방사선을 쬐는 일부터 유전자 일부를 조작하는 일까지 실험실에서 진행되었다. 결과적으로 식물은 사실상 사람들이 선호하는 품종으로 빠르고 다양하고 풍성하게 진화하게 되었다. 움직일 수 없는 식물이 동물보다 빠르고 다양하게 진화한 것이다. 자연에 대한 경외심과 동시에 사람의 욕망에 대한 두려움도 느껴진다. 인간의 눈에 아름답다 느낄 만한 새로운 꽃을 개발하다 보니 결과적으로 스스로 번식할 수 없는 꽃이 만들어지기도 했다. 실제로 탐스럽게 아주 크고 꽃잎도 빽빽한 장미가 개발되었는데, 꽃잎이 너무 촘촘해서 번식을 도와주는 곤충들이 꽃술에 접근할 수 없었다. 아주 드문 확률로 씨앗이 맺히기도 하지만 사실상 사람의 손길 없이는 멸종할 운명인 것이다. 이런 현실 앞에 인간은 진정한 조물주가 되었다고 기뻐해야 할까?

AI가 인류를 멸망시킬지 모른다는 생각처럼 식물은 이미 오래전부터 이런 두려움을 인간을 향해 품고 있지 않았을까? 사실 식물은 우리가 100% 이해할 수 있는 존재가 아니다. 생물 분류 단계의 맨 처음에 동물과 식물은 동물계와 식물계로 나뉜다. 서로가 서로를 이해할 수 없는 완전히 다른 구성을 가진 존재라는 의미이다. 서로의 관점에서 서로를 해석하고 이해할 뿐 100% 공감해 줄 수 있는 존재가 아니라는 뜻도 된다. 영화를 보면 가끔 인간의 관점에서 팔다리가 있는 나무의 모습이 등장하기도 하는데, 반대로 식물의 관점에서 인간은 어떻게 묘사될지 궁금해지기도 한다. 다리가 땅

다양한 품종의 장미들

에버랜드가 개발한 장미들

에 뿌리 내린 인간의 모습을 상상하면 몹시 기괴하다. 아마도 인간이 묘사한 움직이는 나무를 보는 식물들의 생각도 같지 않을까 싶다.

식물에게 꽃은 종족의 생존과 번성을 위한 아주 중요한 요소이다. 식물은 생존과 번성을 위해서 끊임없이 진화를 거듭해 온 결과 지금의 모습이 된 것이다. 현재까지 발견된 화석을 근거로 '최초의 꽃'이라 불리는 아케프룩투스는 약 1억 2500만 년 전 등장한 식물인데 수생식물로 알려져 있다. 바람이나 물에 의해 아주 제한적으로 수정되던 식물들이 곤충을 수정의 매개체로 이용하려고 진화했다고 본다. 수면으로 올라온 잎의 일부가 꽃잎으로 변화했고 아케프룩투스는 그 진화의 결과물인 것이다. 이때부터 식물들은 생존과 번성을 위한 수분受粉 매개체를 모으기 위해 화려한 색깔, 향긋한 향기 등을 갖게 되었다. 꽃이 뿜어내는 다양한 향기는 그들의 언어이다. 필요한 친구들을 부르기 위해 최선을 다해서 이야기한다. 때로 강하게 소리 지르고 때로 감미롭고 은은하게 속삭인다. 색깔과 형태도 수분 매개체를 부르는 모습으로 진화하였다. 대표적으로 수국은 향기가 없고, 꽃이 볼품없이 작아 곤충들을 효과적으로 부를 수 없다. 그래서 꽃과 비슷하게 생긴 꽃받침을 헛꽃으로 만들어 매개체를 불러들인다. 향기를 좋게 하거나 꽃을 크게 만드는 것이 아니라 영리하게도 가장 효율적인 진화 방법을 선택한 것이다. 참 신기하지만 꽃들에게는 생존을 위한 처절한 몸부림이었다. 이러한 존재를 단순히 미적 쾌감을 충족하기 위해서만 소비하는 것은 어쩌면 너무나

　　　　　2장 아름다움은 함께 자라는 것

가치를 낮추거나 소비재로만 여기는 것은 아닐까. 화려한 결과물인 꽃만 소비하기보다 꽃 피우는 과정 전체, 식물이 생장하는 움직임을 즐거이 지켜보는 문화가 만들어져야 비로소 식물도 우리와 같은 생명으로 존중하게 될 것이다.

'소비가 아닌 문화로 인식 전환되면 꽃만이 아닌 식물 전체를 가치 있게 여기게 되고, 그저 아름다움만 감상하는 대상이 아닌 즐거움을 공유하는 존재로 여겨지지 않을까?' 하는 생각으로 2018년도 정원 연출에 이런 화두를 던졌다. "꽃도 예쁘고 너도 예쁘다."

사람들은 잘 모르지만 식물에서 꽃은 짧은 순간의 화려함이지만 잎은 다양하고 깊은 아름다움을 담당한다. 단순히 외형적 아름다움뿐 아니라 생물학적 아름다움, 철학적 아름다움도 간직하고 있다. 광합성 작용을 통해 생성되는 영양분의 대부분이 잎에서 만들어지고, 꽃을 지지하고 보호하는 역할도 하고 있다. 식물이 살아가는 데 아주 중요한 역할을 하기에, 너무 아름다워 모두의 눈에 띄었다면 그만큼 생존에 도전을 많이 받지 않았을까 생각해 본다. 많은 철학자들이 인간의 삶을 잎에 빗대어 설명한다. 성장, 변화, 죽음, 새로운 시작이라는 과정의 아름다움이 있기에. 아직 이 사실이 널리 인식되지 못한 것이 안타까웠다. 그래도 최근 '반려 식물' 열풍으로 관엽 식물들의 특이한 잎을 즐기며 그 가치 영역이 넓어지니 다소 위안이 되기도 한다.

에버랜드에 연출된 빅토리아 수련

최초의 꽃이라 불리는 연꽃

다양한 종류의 관엽식물들

아름다운 나뭇잎들

074

얼마 전 아내가 신문 사설 한 구절을 읽어 주었다. 흔히 민주주의를 꽃이라 표현하면서 그것을 피우기 위해 헌신한 잎과 줄기는 생각하지 않는다는 내용이었다. 지금의 민주주의를 위해 노력한 많은 이들을 기억하자는 취지인데 글쓴이가 식물의 속성에 대하여도 통찰력이 있는 듯했다.

식물도 마찬가지이다. 아름다운 꽃을 찬양하지만 그것을 피우기 위해 영양분을 모으고, 추운 겨울바람을 견디고, 꽁꽁 언 땅을 뚫고 올라오는 숭고한 노력을 한 잎과 줄기는 미처 살피지 못한다. 잎과 줄기가 보내는 치열한 시간만큼 아름다운 것은 없다. 분명 꽃 이외에도 눈여겨볼 만한 부분이 훨씬 많다. 이파리도 세상 모든 초록이 감히 따라가지 못할 깊이의 색감을 사계절 보여 준다. 무심히는 그저 단순한 초록으로 보일 수 있지만 실제로 매우 다채롭다. 물론 꽃도 예쁘지만, 몰라서 자세히 보지 못했을 줄기와 잎을 전면에 내세워 식물 본연의 미를, 다양함으로 지속 가능한 아름다움을 정원에서 선보여야겠다고 생각했다. 당시까지는 정원 안에서 찰나의 아름다움만 연출하는 것이 몹시 속상했기에 꼭 변화를 주고 싶었다.

이렇게 마음을 정하고 나니 시급한 난제가 있었다. 바로 기후였다. 하늘과 싸워야 하나 싶을 만큼 쉽지 않았다. 사계절이 있는 환경에서 잎은 겨우내 보이지 않는 존재이다. 빈 가지를 앙상하다고, 때로는 슬프다고 표현할 만큼 잎은 아주 중요한 부분을 차지하고 눈에 보여야만 가치를 인정받는다. 봄이 지나면 식물들은 저마

　　　　　　　2장 아름다움은 함께 자라는 것

다 무성해지지만 사람들의 관심은 급격히 떨어진다. 무더위를 견디게 하는 훌륭한 친구임에도 불구하고 별로 관심을 끌지 못하는 나뭇잎들은 테마파크에서 천덕꾸러기로 전락하기도 했다. 아주 못마땅한 청소 대상이자 여름 폭우 때 하수구를 막는 주범으로도 지목되어 해마다 나무를 베어 달라는 요청도 많이 들어왔다. 물론 나무가 살 수 없는 환경으로부터 옮겨 심거나 제거하는 작업은 꾸준히 해 왔지만 나무 자체가 경관적으로 아름다운 콘텐츠라는 생각은 아무도 하지 않는 듯했다.

이런저런 고민을 하던 차에 재밌는 소식을 접했는데 '대구의 가정집에 바나나가 열렸다'는 당시 기사였다. 시간이 흐른 후에는 내한성이 강한 파초 열매로 판명되어 재밌는 헤프닝으로 끝났다고 하는데, 어쨌든 꾸준히 제기되던 기후 온난화 문제에 경각심을 일으키는 보도였다. 한편으로 가정에서 자주 키우는 관엽 식물들을 우리나라 정원에 적극적으로 활용할 수 있지 않을까 상상도 해 보았다. 어쨌든 오랜 고심 끝에 그동안 소소하게 여름 포인트용으로만 사용되던 열대 관엽 식물들을 배치한 정원을 만들기로 했다. 식물의 다양한 아름다움을 품는 정원의 본질을 전하고 기후 변화 위기에 대한 메시지도 동시에 줄 수 있었기 때문이다.

철학적 측면만이 아니라 실제로 잎과 줄기가 멋진 식물도 많이 있다. 아니 대부분 꽃만큼 아름다운 잎과 줄기를 가지고 있다. 영국에서 공부하면서 겨울이 되면 꼭 들렸던 정원이 있었다. 막

에버랜드에 연출된 바나나

에버랜드에 연출된 열대 식물들

영국의 겨울 정원 1

스 홀 가든 Marks Hall Garden, 케임브리지 대학 수목원, 앵글시 애비 가든 Anglesey Abbey Garden이다. 겨울이 춥고 건조한 우리나라에서는 볼 수 없었던 정원의 모습, 정확히 말하면 겨울의 색감과 질감을 느끼며 '세상에, 겨울이 이럴 수도 있구나!' 감탄했던 기억이 있다. 가을이 되면 누렇게 변하는 한국형 잔디에 익숙했기에 겨울에도 푸른 잔디는 놀라움과 부러움의 대상이었다. 초록 잔디를 바탕으로 다양한 색과 질감의 잎과 줄기가 어우러졌다. 동시에 신은 공평하다는 생각도 했다. 우리나라는 겨울에 푸른 잔디는 없지만 푸른 하늘은 있다. 하지만 영국은 푸른 겨울 하늘은 거의 보기 힘들었다. 한 달에 해를 사흘 정도 볼 수 있던 적도 있었다. 하늘을 바탕으로 키가 큰 소나

무가 가득한 우리의 겨울 경관과 달리 영국은 잔디를 바탕으로 더욱 아기자기하고 다양한 특징을 만들어 온 것 같다.

영국 정원에서 겨울 색감과 질감을 만드는 두 요소가 있다. '나무 줄기와 잎' 그리고 '시든 꽃'이다. 화려한 꽃과 깊은 푸르름이 지나고 나면 비로소 눈에 띄는 나무 줄기들은 놀라울 만큼 그 색과 질감이 무한하다. 누렇게 바랜 겨울 잔디에서 느껴지는 생동감과 다른 차원의 아름다움에도 또 한 번 놀랐다. 그리고 한국에서는 볼 수 없었던 생소한 경관이 있었는데 처음에는 검은색 꽃인 줄 알았다. 그런데 가까이서 보니 꽃은 꽃인데 시든 꽃이었다. 분명 시들었는데 아름답고, 화려하지 않지만 매혹적이었으며, 모노톤이면서

   2장 아름다움은 함께 자라는 것

도 매우 선명한 느낌의 겨울 경관을 만드는 요소였다. 우리가 시든 꽃, 죽은 꽃이라 여기며 잘라 낸 데드헤드Deadhead가 겨울 정원에서 지루할 틈을 주지 않았다. 이렇게 영국의 겨울은 나에게 식물이 가진 아름다움의 영역을 넓혀 주었고 정원 연출의 방법도 변하게 해 주었다. 일 년 중 길어도 한 달 남짓인 꽃에만 집중하기보다 꽃 피기 직전이나 진 후의 잎과 줄기를 가지고 정원을 연출하는 방법에 눈 뜨게 된 것이다. 다양한 색감과 질감으로 시시각각 색다른 공간 분위기와 향, 느낌을 줄 수 있을 것이었다. 생각했으니 시도해야 했고 2018년 가을 잎이 주인공이 되는 정원의 이야기를 만들었다.

정원이 성장하는 과정

"정원은 명사가 아니라 동사입니다." 한국에 오기 전부터 계속해서 주장해 왔던 말이다. 정원은 그림이나 사진처럼 멈춰진 시간에서만 아름다운 것이 아니라 시시각각 움직여 매번 다른 아름다움을 보여 준다. 움직인다는 것은 성장하는 것이기 때문에 정원도, 정원을 가꾸는 사람도 성장하는 것이다. 정원도시를 표방하는 지역에 몇 년 전 강의를 나간 적이 있다. 그 자리에는 해당 지역 시장님을 비롯한 공무원분들이 가득 앉아 계셨다.

"이곳은 우리나라 최초로 국가정원을 만들고 정원도시

를 표방하고 있습니다. 정원은 멈춰 있는 물건이 아니라 움직이는 생명체입니다. 시간이 지나면 정원은 성장하고 정원을 가꾼 사람들도 성장합니다. 여러분들은 2013년 국가정원이 만들어지고 난 후 얼마나 성장하셨나요?"

다소 도발적인 질문으로 강의를 시작했다. 정원을 표방하는 도시에서 정원이 성장하는 과정이 오롯하게 보이고 시민들 모두 그것을 아름답게 이해할 수 있기를 바라는 마음으로 강의를 했다. 사실 영국 유학 시절에는 정치적 이용일 듯해서 큰 기대를 하지 않았다. 국가정원 1호의 가장 중심 지역을 외국작가가 맡아 디자인한 상황도 탐탁지 않았고, 정원 일을 하는 사람으로서 자존심도 많이 상했다. '우리나라를 대표할 만한 훌륭한 정원 작가들이 얼마나 많이 있는데…' 박사 논문에도 이러한 안타까움이 반영되었고, 담당 교수는 이렇게 비판적인 시각을 갖출 수 있기에 타국에서의 유학 경험이 더욱 의미 있다는 이야기를 했다.

어느 날인가 국가정원 담당자들이 에버랜드로 답사를 오겠다고 연락이 왔다. 내가 이런 생각을 품은 사람인지는 아마도 몰랐을 것이다. 답사 온 담당자에게도 첫마디부터 쓴소리를 거침없이 했다. 그런데 그 담당자가 강의를 맡아 달라고 요청해 왔다. 내심 당황스럽기도 했지만 하고픈 말, 논문을 쓰며 품었던 생각을 풀어낼 좋은 기회이니 승락했다. 한편으로 10년이라는 세월동안 정원도 성장하고 사람들도 성장한 것인지, 정말로 성장하는 정원을 만

          2장 아름다움은 함께 자라는 것

순천국가정원 1

순천국가정원 2

들고 있었던 것인지 궁금하고 기대도 하게 되었다. 여러 생각을 하며 강의를 준비했다. 시장님까지 참석한 자리이기에 더욱 과감하게 강의안을 작성했고 '당신은 정원과 함께 성장했나요?'라는 첫 질문을 던지게 되었다. 모든 분들이 경청하는 가운데 '한철 아름다운 정원을 전시하지 말고 과정의 아름다움을 보여 줄 수 있는 정원을 만들어야 한다'고 강조했고, 마지막으로 10년 후 이곳의 정원이 성장하고 순천 시민이 함께 성장했으면 좋겠다는 말로 강의를 마무리했다. 꼭 듣고 싶었던 메시지였다며 강사로 초청한 담당자분들이 감사의 뜻을 전해 왔다. 공공의 영역인 공무원 집단에서 가장 사적인 영역인 정원을 다루는 데는 분명히 한계가 있을 것이고, 이끄는 이들에 따라 결과도 달라질 것이다. 지속 가능하고 성장하는 정원의 속성을 모두가 인식하기까지는 오랜 시간이 걸릴 것이다. 철학이 제대로 갖춰지지 않은 리더 아래서는 성장이 아니라 쇠퇴하기도 할 것이다. 하지만 정원의 힘을 믿고 느긋하게 기다려 보기로 했다.

2000년대 초반 조경계의 화두는 '친환경', '지속 가능한', '이야기story'였다. 개인적으로 친환경이라는 개념을 좋아하지 않는다. 식물과 함께하는 업業에서 친환경 운운하는 자체가 아이러니하다고 느꼈다. 하나의 유행으로 삼거나 새로운 개념이 아니라 조경이라는 업이 가져야 할 기본 철학이어야 한다. 친환경 정원, 친환경 농법을 표방하는 것은 결국 얕은 마케팅 수단에 그칠 우려가 되었다. 기본을 갖추기 위한 노력은 물론 필요하지만 그저 '친환경 인

성장하는 정원

증'을 받기 위해 아파트 단지에 나뭇더미, 돌무더기를 쌓아 놓고 곤충 서식처로 점수를 받는 식의 행태는 안타깝기만 했다. 친환경 인증을 받은 후에는 고가의 아파트가 벌레가 생긴다는 이유로 서식지를 없애 버리는 경우도 빈번했다.

1년 중 330일 넘게 이로움을 주는 은행나무도 열매에서 고약한 냄새를 풍기는 한 달 남짓 때문에 흉물처럼 여기곤 한다. 이러한 인식조차 바꾸지 않으면서 지속 가능한 정원을 이야기하는 것은 앞뒤가 맞지 않아 보였다. '지속 가능한 정원'의 의미를 깊이 고민해 보지 않으면서 실효성 없는 어려운 콘셉트로 친환경 정원, 공원 설계안을 제출하는 사례도 있었다.

또 스토리텔링이 강조되면서 공감하거나 기억하기 어려운 이야기들이 가득하게 되었다. 정원 설계에 단군 신화나 다차원 세계 같은 거창하고 어려운 서사가 왜 필요할까? 화려한 개화에 맞춘 이야기가 꽃이 짐과 동시에 사라지는 경우도 많이 보았다. 정원의 본질은 살아서 움직이는 것을 가꾸는 데 있다. 그 움직임 속에 마른 겨울가지도, 작고 귀여운 꽃눈도, 활짝 핀 꽃과 푸르른 나뭇잎도 있고, 때로는 빈 땅도 있는 것이다. 이 모든 것이 아름답다. 이렇게 인정하고 나면 화려한 찰나의 그림에서 깨어나 완전히 다른 생명체로 진화될 수 있다. 수박 겉핥기식 친환경 개념은 살아 있는 생명체를 존중하는 철학으로 발전하게 될 것이고, 지속 가능이란 콘셉트는 정원과 정원사가 성장하는 과정을 보여 주며, 정원과 정원사가 주고

받던 이야기가 가장 정원다운 스토리로 만들어질 것이다. 이러한 과정을 통해 정원도 사람도 함께 성장할 수 있을 것이다. 지금까지 일하면서 테마파크 정원의 성장은 가장 어려운 숙제 중 하나였다.

유럽의 정원 문화는 우리와 많이 다르다. 처음 영국에 갔을때 친구들과 교수들이 한국 정원에 대해 궁금해 했다. 그런데 뭔가 명쾌하게 설명이 되지 않았다. 오래전 대학 은사님께 들은 일화가 있다. 독일 교수에게 한국 전통 정원을 구경시켜 주셨는데 다 보고 난 후 그분이 "자, 이제 정원 보러 갑시다." 했다는 것이다. 이렇듯 그들에게는 그냥 자연, 산을 설명하는 셈이어서 한국 정원다운 디자인을 설명하기가 너무나 어려웠다. 유학 생활 내내 가장 큰 미션 중 하나가 '한국 정원을 설명하시오'였다. 토론 수업에서도 교수들이 한국 전통 정원을 다루고 싶어 한 적이 많았다. 그만큼 미지의 세계였던 것이다.

일본이나 중국의 경우 비교적 명확하다. 유럽인들은 일단 기와가 올라가면 중국, 바닥에 자갈이나 이끼가 깔려 있으면 일본식 정원이라 인식했다. 한국의 정원은 안타깝게도 대표할 만한 이미지가 없었다. 토론 수업 때 내가 세 장의 정원 사진을 보여 주며 어느 나라의 정원인지 맞춰 보라 했더니 한국 학생도 한국, 일본, 중국의 정원을 정확히 구별하지 못했다. 우리는 국토의 70% 이상이 적당한 높이의 산으로 이루어져 있어 훌륭한 자연을 가지고 있다. 봄이 되면 꽃 피고, 여름이면 녹음이 우거지고, 가을이면 단풍이 들

　　　　　2장 아름다움은 함께 자라는 것

고, 겨울이면 눈꽃이 덮이고. 아무것도 하지 않아도 살아서 스스로 성장하는 자연의 모습을 볼 수 있다.

하지만 정원 문화가 발달한 영국은 오래전 빙하기의 영향으로 매우 빈약한 자연환경을 가지고 있기 때문에 치열하게 가꾸지 않으면 아름다운 자연을 볼 수 없다. 출발이 이렇게 다르다 보니 정원을 만드는 일도 다를 수밖에 없었다. 우리나라는 자연이 성장하는 과정 하나하나를 즐기는 것보다 변한 자연의 모습을 즐기며 정원을 만들어 갔다면, 영국은 겨울을 견디고 씨앗을 뿌리고 잡초를 뽑고 물을 주면서 정원이 성장하는 데 직접적인 기여를 해야 했다. 영국 정원 만들기의 시작은 아무것도 없는 도화지에 스케치를 하는 것이었기 때문에 디자인 스타일이 아주 중요한 요소로 발전한 것이다. 말하자면 일본과 중국의 정원은 명확하게 도화지에 그릴 수 있어 쉽게 이해했고 자신들과 다른 면모는 신비로운 느낌으로 받아들였다. 이 때문에 하나의 트렌드로 자리잡을 수 있었을 것이다. 반면에 한국 정원은 빈 공간을 채우는 스케치가 아니라 '이미 아름다운 자연'을 찾아가는 여정이었기 때문에 어떻게 만들어야 하는지 설명하기 쉽지 않았던 것이다.

시작과 끝이 달라서 완전히 다른 듯 보이나 사실 정원 문화의 본질은 비슷하다. 자연을 아름답게 생각하는 관점이다. 활짝 핀 꽃에 국한되지 않고 꽃이 피고 지고, 잎이 나고 지는 과정을 아름답게 여기고 즐기는 것이다. 영국은 과정에 정원사가 직접적으로 많

창덕궁 후원

우리나라 전통 정원 가운데 하나인 소쇄원

2장 아름다움은 함께 자라는 것

에버랜드 그라스 보더

영국의 보더 가든

은 시간 개입하지만, 우리나라는 직접적으로 개입하지 않고 그저 과정과정을 즐긴다. 유럽이 정원사도 함께 성장하기를 추구한다면, 우리는 스스로 성장하는 자연을 보며 내적 성숙을 이룬다고 할까.

이렇게 성장이라는 큰 결을 맞췄으니 이제 실행에 옮기고 싶었다. 하지만 성공일지 실패일지 모르는 성장 과정을 자극적 즐거움을 추구하는 테마파크의 정원 콘셉트로 택하기란 쉽지 않았다. 여러 고민 끝에 그라스 보더를 만들기로 했다. 축제를 진행하는 중심 지역은 예전처럼 화려하고 트렌디하게 꾸미고, 주변부를 '그라스 종류가 중심을 잡아주는 경계 정원'인 보더border로 연출해서 정원이 변하는 과정을 보여 주는 것이었다. 다양한 억새 품종으로 분위기와 구조를 잡고 화살나무로는 색감의 변화, 삼색 버들을 통해서는 풍성함을, 그리고 1년생 초화에서 계절의 변화감이 드러나도록 계획했다.

독일 태생 정원 디자이너 칼 푀르스터Karl Foerster는 인간 관점의 사계절을 식물의 관점에서 일곱 계절로 나누고 정원 연출을 시도했다. 그라스종을 '대지의 머리카락'이라 표현하며 아름다운 대머리(?)인 정원에 다양하게 심기 시작했다. 우리나라에서는 그라스 군락지에 뱀이 서식하기 쉽다는 이유로 인해 그리 환영받지 못했다. 그러다 도시화가 빠르게 확산되면서 뱀이 드문 도심지에서 특별한 분위기를 연출하는 정원 식물 소재로 각광받기 시작했다. 봄부터 겨울까지 사계절, 그 사이사이를 포함한 일곱 계절의 다채로운 정원

　　　　　　　2장 아름다움은 함께 자라는 것

을 만들 좋은 뼈대가 되기 때문에 우리나라 정원 연출력이 한 단계 올라서는 계기가 되었다.

무엇보다 '과정의 아름다움이 결과 못지 않다'는 사실을 계절마다 알려줄 수 있기에 의미 있는 진보가 이루어진 것이었다. 특정 시기가 지나면 매번 갈아엎어야 하는 '플라워 쇼'가 아닌 정원다운 정원이 만들어졌다는 것이 뿌듯하기도 했다. 가장 자극적인 공간 한복판에 조성된 이곳을 앞으로 잘 가꾸어 가야 한다는 숙제도 생겼다. 그라스 보더를 통해 정원이 성장하는 모습이 효과적으로 드러날 것이다. 이를 통해 정원사, 방문객 모두 성장하지 않을까? 이때부터 함께 일하는 스태프들에게 자주 했던 말이 '조금 버티자'였다. 조금만 버티면 성장할 수 있기 때문에.

가장 혁신적인 쇼 가든

농사를 짓고 계신 장인어른이 하시던 말씀이 기억난다. 한번은 농업진흥청 박사들이 현장에 나와 토마토 재배법에 대해 이런저런 이야기를 했다 한다. '그 사람들 농사는 알지도 못하면서 책만 보고 이래라저래라 한다'셨다. 책으로 익히고 실험실에서만 증명된 이론으로는 충분하지 않은 것이 현실인 듯했다. 생업으로 작물을 가꾸는 농촌에서 땅에서의 경험만큼 가치 있는 자산은 없을 것이다.

생존과 직결된 생산성과 효율성이 중요시되기에 여러 작물이 심긴 밭은 아름답게 생각되지는 않는다. 그런데 가끔 처가에서 토마토 온실에 가 보면 문을 열자마자 느껴지는 싱그러움, 토마토의 달콤함이 잘 꾸며진 어느 정원보다 아름다웠다.

흔히 꽃에서 아름다움을 찾곤 하지만 꽃을 정원에 심기 시작한 것은 역사적으로 꽤 최근의 일이다. 이전에는 각종 채소나 허브류, 과실나무를 정원에 심었다. 정원은 생존을 위해 자연을 개인의 영역에 끌어들이며 시작된 것으로 볼 수 있다. 농업 기술이 발전하면서 식용 식물이 감상을 위한 식물로 바뀌게 된 것이다. 먹기 위한 식물도 아름답기는 마찬가지였기에 시간이 흐르면서 '키친 가든'이라는 형태로 만들어지기 시작했다. 기독교 문화에 기반한 유럽 국가들에서는 선악과가 한가운데 심겨진 에덴 동산을 정원의 시초로 이야기하곤 한다. 선악과는 미술 작품에서 종종 사과로 표현되는데 이 또한 과일나무이니 꽃 감상과는 거리가 있다. 성경에는 신이 에덴 동산을 만들면서 인간에게 "땅을 다스리라" 명령했다고 한다. '다스리라'는 어원을 살펴보면 '재배하라, 경작하라"에 가깝다. 싸워서 지배하는 것이 아닌 경작하고 가꾸라는 의미로 해석된다. 생존을 위한 열매가 선악을 알게 하는 상징이 된 것은 생존을 위한 정원에서 아름다움을 위한 정원으로 진화한 모습을 보여 주는 것이다.

     2장 아름다움은 함께 자라는 것

정원의 역사를 살펴보면 재밌는 형태가 많이 있다. 특히 중세 시대에 발전한 허브 가든이나 키친 가든은 본모습을 한층 더 들여다볼 수 있게 만들어 주는 타입이다. 허브 가든은 중세 암흑기에 수많은 전쟁으로 모든 것이 파괴되었을 때 불가침 영역으로 살아남았던 수도원을 중심으로 발전하기 시작했다. 아주 오래전부터 허브류는 사람의 아픈 곳을 치료할 수 있다고 믿어졌다. 아마도 신비로운 향기와 종교적 믿음이 합쳐지며 숭배의 대상이 되기 시작했을 것이다. 힌두교에서는 허브가 천국으로 가는 문을 열어 준다고 믿는다. 때문에 죽은 사람의 가슴에 바질 잎을 놓아두기도 한다고 한다. 의학의 아버지로 불리는 히포크라테스는 400여 종의 허브를 저서에 기록하면서 주술적 의미뿐 아니라 실제 치료 효과가 있다는 사실을 증명하였다.

중세 유럽에서는 허브를 약초 또는 악귀를 물리치는 신성한 힘을 가진 식물로 여기면서 가장 신성한 장소인 수도원에서 심고 가꾸기 시작했다. 이것을 허브 가든의 시초로 볼 수 있다. 전쟁에서 다친 병사들을 치료하기 위해 많은 양의 허브가 필요하게 되었고 그 역할을 수도사들이 수도원 안에서 수행하게 되었다. 숀 코네리가 주연한 영화 <장미의 이름>을 보면 약초 담당 수도사가 등장한다. 아픈 이의 고통을 덜어 주는 행위 자체가 신의 역할을 대신하는 것이라 믿었기에 허브 가든을 중심으로 신성한 권력이 형성되고 사람들의 욕망이 엉키기도 했다. 성스러운 장소로서 전쟁 중에도 살아남

토마토 재배 온실

영국의 키친 가든

시싱허스트 정원의 키친 가든 1

시싱허스트 정원의 키친 가든 2

2장 아름다움은 함께 자라는 것

은 중세 수도원의 허브 가든은 수도원에 막대한 부를 안겨준 동시에 신비스러움마저 최대치로 끌어올렸다. 아이러니하게도 수도원을 가장 탐욕스러운 장소로 만든 주범이 되어 버렸다.

20세기 들어 세계가 다시 전쟁에 휩싸이면서 부상당한 병사들과 굶주린 이들을 위해 또다시 키친 가든, 허브 가든이 다시 만들어졌다. 전쟁 종료 후 사회가 안정되고 부가 쌓이면서 이러한 정원은 아름다움을 추구하는 목적으로 바뀌기 시작했다.

유럽의 유명 정원에는 대부분 키친 가든이 한편을 장식하고 있다. 영국 시싱허스트 정원 내 키친 가든의 경우, 간결하게 디자인되었고 친환경적이면서도 결코 투박하지 않은 담백한 아름다움을 가지고 있다. 직접 방문했을 때 '우리가 먹는 채소도 이렇게 아름다울 수 있구나' 하는 생각을 처음으로 했다. 도시 생활에서 먹기 좋게 다듬어진 마트 상품으로만 평생 보았으니 밭에 심겨 있는 모습을 상상하기는 쉽지 않았다. 땅에 뿌리를 내리고 줄기에 잎이 달려 있는 모습은 참으로 감탄스러웠다. 장인어른의 토마토 온실에서 느낀 아름다움도 바로 이런 느낌이었을 것이다.

2018년 가을 정원을 기획하면서 국화와 코스모스, 메리골드 같은 가을을 대표하는 꽃을 과감히 빼 버리기로 했다. 꽃을 대신해 줄기와 잎, 열매가 아름다운 식물을 심기로 했다. 생각해 보니 꽃이 정원에서 조연이 된 적은 없었던 것 같았다. 줄기와 잎이 주인공이 된 첫 정원이 테마파크 안에서 탄생한 것이다. 정원을 기획하면서 가장 어려웠던 것은 소재를 조달하는 것이었다. 계절마다 활용할 초화들을 미리 선정하고 봄부터 미리 농가에 계약 재배를 의뢰하여 연출을 하는데, 그해 가을에 사용하려는 소재가 채소여서 농가에서 재배를 꺼렸다. 결국 자체 재배하는 방법뿐이었다. 사실 초화는 대량으로 재배한 적이 있지만 채소를 대량으로 키워본 적은 없었기에 다소 부담은 있었다. 채소로 정원을 연출하는 목표만큼이나 어려운 일이었다.

온실에 채소를 키우기 시작하자 고라니가 출몰해 피해를 입기도 했다. 여러 시행착오를 겪으며 가을을 준비해 나갔다. 덩굴성으로 자라는 콩과류는 초여름 정원의 가로등 주변에 씨를 뿌려 가을을 목표로 미리 키우기 시작했다. 이러한 변화를 담을 주제로 영국 시골 정원인 '코티지 가든'을 가져왔다. 시골스럽고 가장 원초적인 가을을 이야기하려고 했다. 한결 자연에 가깝고, 우리 먹거리인 동시에 다양성이 집약된 아름다운 정원이었다. 주된 소재는 우리가 먹는 채소, 다시 말해 꽃이 아닌 잎이었다.

테마파크의 가을에는 '좀비'라는 강력한 테마가 있었기에 정원은 관심도가 높지 않아서인지 정원에 꽃이 없는 이유를 아무도 묻지 않았다. 그렇게 조용히 오픈하고 난 후 마케팅 부서에서 "왜? 이렇게 예쁘게 만든다고 얘기 안 했어요?"라는 다소 엉뚱한 질문을 받았다. 우리 팀이 만든 정원은 예쁘지 않은 적이 없었다고 자부할 수 있었다. 코티지 가든은 가을의 청명함과 추수의 풍요로움이

    2장 아름다움은 함께 자라는 것

에버랜드 키친 가든

에버랜드 코티지 가든

잘 어우러져 방문객들에게 좋은 평가를 받았다. 많은 분들이 테마파크에서 만난 상추를 신기해 했고 꽃보다 아름답다는 사실에 놀랐다. 종종 외부 강의에서 에버랜드 역사상 가장 혁신적인 정원 콘셉트로 소개했을 만큼, 아름다움에 대한 인식 전환을 가져온 사례였다.

가을 정원을 기획하며 아직 우리에게는 낯설 '퍼머컬처 Permaculture' 운동에 대해 다시 한번 생각하게 되었다. 지속 가능한 문화, 지속 가능한 농업의 합성어로서 호주 조경학 교수인 빌 몰리슨Bill Mollison이 주창한 개념이다. 흥미롭게도 인터뷰에서 그가 한국 농촌을 방문하고 큰 영감을 받았다고 한다. 대를 이어 같은 땅에 같은 작물로 농사 짓고 있는 모습이 놀라웠다는 것이다. 빌 몰리슨이 한국에서 퍼머컬처를 구상했다고도 하는데 확인되지 않은 설이다. 사실 종주국을 따지는 것처럼 비효율적인 논쟁은 없다고 생각한다. 미래를 위한 대안을 제시하는 새로운 운동이 오래전 우리 일상에서 이어져 왔다는 사실이 많은 시사점을 주지 않을까 생각한다.

퍼머컬처의 원리는 인간 손길이 닿지 않아도 스스로 성장하는 숲의 순환과 깊은 관련이 있다. 국토의 70%가 숲인 우리나라에서 숲의 원리가 생활 전반에 걸쳐 적용되는 것은 어쩌면 놀랍지 않다. 숲은 스스로 일을 한다. 인간 세상은 변하지 않아도 한결같이 변하는 계절을 보면 숲이, 자연이 얼마나 열심히 일을 하는지 알 수 있다. 퍼머컬처는 이러한 숲의 원리를 이용한 농법에 그치지 않는다. 만약 그저 그런 농법 중 하나였다면 농사가 정원 일을 하는 나에게

　　　　　　　2장 아름다움은 함께 자라는 것

특별한 영감을 주지 못했을 것이다.

일전에 장인어른께서 유기농, 무농약으로 농사짓기가 얼마나 힘든지 말씀하신 적이 있다. 효율성 면에서 퍼머컬처는 농사에 별로 도움이 되지 않는 운동처럼 보였다. 힘들게 논밭에서 일하는 분들에게 더 힘들게 일하라고 하는 것이 얼마나 설득력이 있을까? 장인어른도 무농약으로 농사를 지으시다가 너무 힘들어서 지금은 저농약으로 하고 계신다. 친환경 농사라고 하지만 농촌 곳곳에 버려진 검은 비닐과 환경을 해치는 농사 용품들은 너무나 눈에 거슬린다. 아마도 꽃만 중시하는, 아름다움만 중시하는 정원이 가져온 정서적인 피로감을 농촌에서도 느꼈기 때문이 아닐까?

그런데 퍼머컬처가 눈에 띈 이유는 '보기에도 아름답고'라는 원리를 근간으로 하기 때문이다. 땅의 공간적 활용과 미적인 측면을 강조하며 식물에 대한 지배가 아닌 '재배를 통한 공생 관계'를 추구한다. 그동안 정원은 지나치게 미적인 부분만 강조하고 농업은 지독히 효율성을 따지는 구조로 이분화되었다. 그러다 보니 젊은 인재들이 농촌을 떠나고 정원엔 40대 여성들이 몰리는 현상이 일어나고 있었다. 정원이나 농사일이나 자연의 순환 섭리를 잘만 따른다면 충분히 아름답고도 이로운 공간을 만들 수 있으니 아픈 지구를 회복시키는 데 큰 역할을 할 것이다.

정원을 정원답게 만들기 위해 꽃만큼, 때로 꽃보다도 더 아름다운 잎과 줄기들을 정원에 심었다. 지속 가능한 정원, 스스로 건강해지고 성장하는 정원을 만들기 위한 노력을 기울인 한 해가 지났다. 그라스 보더를 만들던 날 아침, 비가 많이 왔다. 담당자와 정원사들이 우비를 입고 땅을 파며 식재를 하고 있는 모습을 지켜보며 저런 노력을 통해 식물 본연의 아름다움, 본질적인 정원의 아름다움이 한 걸음 더 다가오기를 기대해 보았다. 또한 '텃밭은 아름답지 못하다', '아름다운 정원은 환경친화적이지 못하다' 같은 편견을 깨는 혁신적 정원이 테마파크 안에 만들어졌다는 사실이 두고두고 회자된다면 서서히 사람들의 인식도 바뀌지 않을까?

텃밭 정원

퍼머컬처 운동

그라스 보더를 만들고 있는 에버랜드 정원사들

에버랜드 정원사들

2장 아름다움은 함께 자라는 것

자연스러움이 가장 큰 디자인이다

꽃이니까
그냥 예쁘다

화장을 걷어 내다

나는 어원에 대한 관심이 많다. 단어의 뿌리와 발전 과정을 통해 그 단어가 지닌 본질을 한층 심도 있게 들여다볼 수 있기 때문이다. 예를 들어 '논밭의 잡풀을 뽑아내다'라는 뜻으로 흔히 쓰는 '김매다'를 보자. 만약 '매다'가 단순히 뽑아 버린다는 의미이면 '논매다', '밭매다'는 논이나 밭을 뽑아낸다는 식이 되어 상당히 어색하다. 실제로 많은 언어학자들이 '보통보다 훨씬 공을 들여 돌보다'라는 뜻의 '매', '잘 다듬어 손질하다'라는 뜻의 '매만지다'에서 유래된 말로 보는 것이 바람직하다고 이야기한다.

또한 '김'은 '김치'의 어원에서 보듯 채소를 뜻하므로 '김매다'는 '잡초를 뽑아내다'라는 관리적인 의미가 아닌 '채소를 보통보다 공을 들여 잘 돌보다'로 관계적인 의미로 보는 것이 맞을 것이다. 우리 선조들은 논밭의 잡초를 그저 뽑아 버려야 하는 존재로 보

　　　　3장 자연스러움이 가장 큰 디자인이다

지 않고 '작물과 함께 잘 돌봐야 하는 존재'로 인식하고 있었음을 유추할 수 있다.

가끔 여름철 잡초에 대해 어려워하는 이들을 만나면 "잡초를 이기려고 하지 마세요. 함께 적당한 거리를 두고 공존할 방법을 찾아 보세요." 하면서 '김매다'의 어원을 이야기한다. 말을 자세히 들여다보며 지금 우리가 어떤 태도로 식물을 대해야 하는지에 대한 힌트를 얻을 수 있었다. 이렇듯 선조들이 살아온 이야기를 유추하는 좋은 소재가 되기에 어원을 거슬러 올라가 보는 것에 큰 흥미를 품고 좋아하게 되었다. 이것은 정원 디자인의 방향을 정하거나 스토리를 찾을 때도 적용된다. 레퍼런스 이미지만 찾는 흔한 방식은 오히려 표절의 유혹이 되기도 하므로 어원을 파고드는 일을 먼저 하고 풍성해진 이야기를 바탕으로 디자인을 발전시키는 것을 선호한다.

아름다움의 대명사처럼 쓰이는 '꽃'도 그 어원에서 미처 몰랐던 흥미로운 본연의 모습을 알 수 있다. 먼저 플라워Flower는 라틴어 Flos(플로스)에서 왔다. 모든 단어에 성을 부여하는 라틴어에서 Flos가 여성명사일 것이라 예상하기 쉽지만 의외로 남성명사다. 묘한 배신감이 들 만큼 '꽃' 하면 여성을 떠올리는 선입견이 참 무섭다는 생각도 했다.

라틴어 Flos의 어원은 인도유럽조어의 bhle로 보는데 '부풀어오르다'라는 뜻을 가진 동적 명사다. 즉, 꽃을 정적인 대상이 아닌 동적인 대상으로 보고 '살아 움직이는 아름다움' 또는 '과

아직 사용할 방법을 찾지 못한 식물들이 잡초이다

보통보다 공을 들여 잘 돌보는 것을 의미하는 '김매다'

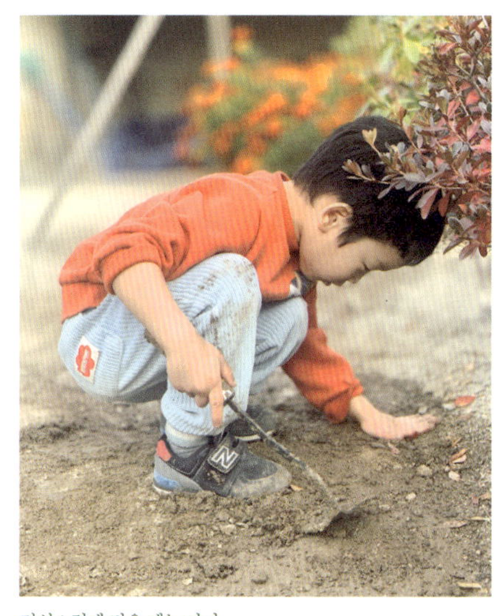

정성스럽게 김을 매는 아이

  3장 자연스러움이 가장 큰 디자인이다

정의 아름다움'을 담았다고 유추할 수 있다. 아마도 혹독한 겨울을 견디고 봄의 따스한 햇살에 꽃망울이 만들어지고 점차 부푼 후 절정으로 꽃잎이 터지는 역동적인 과정을 경험하며 이름했을 것이라 생각해 본다. 인도 유럽어의 동적 명사는 라틴어의 남성 명사로 발전했다.

한글에서는 한결 깊은 의미를 내포한다. '돌출되어 있다'는 뜻을 가진 '곳'에서 유래하여 '씨'라는 뜻을 가진 '갖'이 합쳐서 지금의 '꽃'이란 단어가 되었다고 한다. 영어와 마찬가지로 다음 세대의 생명을 품은 역동적인 존재의 아름다움이 담긴 말이다. 움직이지 않는 가지 끝에 돌출된 아름다운 부분이라는 의미에 그치지 않은 우리 선조들의 깊은 통찰력에 감탄하게 된다.

돌이켜 보니 인간이 꽃과 맺은 관계는 대상을 아름답게 바라보는 것 이상으로 생명의 심오한 의미를 포함하고 있다. 하지만 아쉽게도 문명이 발전하면서 인간의 힘이 강해지자 상호소통 관계가 아닌 미적 욕망을 채우는 주종 관계로 왜곡되었고 꽃은 생명이 아닌 대상으로 전락했다. 이러한 왜곡은 꽃이 지닌 미에 자극적인 장치들을 더한 정원 스타일로 나타났다. 권력을 보여 주려 권위적으로 꾸미거나, 그림 같은 아름다움만을 좇거나, 미적인 욕망을 극대화하는 몹시도 화려한 스타일과 같이.

나도 정원 만드는 일을 시작했을 때 급변하는 디자인 경향을 누구보다도 재빨리 적용해야 아름다운 정원을 만드는 것이라고 생각했었다. 식물 소재에서도 자극적 형태나 스토리를 가진 것을 찾았고, 식물보다 공간을 잡아먹을 듯한 디자인 조형물에 집중한 자극적인 정원을 연출하고자 애썼다. 과거 내가 만들었던 정원은 인간과 식물이 즐겁고, 소박하고 진심 어린 소통이 이뤄지는 정원이 아니었다. 포스트모더니즘의 난해한 작품이 전시되고 광적으로 자신을 알리기 위해 찍어 내는 사진의 배경으로만 소비되는 공간으로 변질시키는 데 일조하는 정원답지 않은 정원이었다. 그런 내 모습을 발견한 뒤 깊은 고민을 시작했고 영국행을 결심하게 되었다. 영국에서 공부하며 발견한 본질은 '그림 같은 정원'이 아닌 '살아 움직이는 정원'이었고 움직이는 꽃은 그 자체로 품격 있는 아름다움을 가진 존재라는 것이었다.

2019년도 정원을 만들어 가는 방향을 정하며 '꽃의 본질에 사람들이 집중하게 만들 방법'을 고민했다. 어떻게 하면 다양하고 자극적인 장치 없이도 꽃 자체의 심미성에 집중하게 할까? 꽃을 인간의 미적 쾌감을 위해 소비되는 대상이 아닌, 본연의 아름다움으로 인간과 소통하는 존재로 만들 수 있을까?

많은 고민 끝에 "꽃이니까 그냥 예쁘다"라는 콘셉트 문구를 만들었다. 짙은 화장에 가려져 있던 꽃의 맨얼굴을 드러내고 그 매력을 알리자는 방향성을 스태프들과 공유했다. 빠른 변화의 시대에 최신 화장법도 다양하지만 나는 화장을 거의 하지 않는 아내의 모습이 가장 아름답게 느껴진다. 세월의 흐름을 자연스럽고 당당

   3장 자연스러움이 가장 큰 디자인이다

식물은 한순간도 멈춰 있지 않다

아름다움의 시작은 아무것도 없는 앙상한 가지부터 시작된다

심지어 꽃잎이 떨어져 나간 마른 꽃받침도 아름답다

하게 드러낼 수 있는 높은 자존감 덕분일 것이다. 나태주 시인의 '풀꽃'에 나오는 "자세히 보아야 예쁘다. 오래 보아야 사랑스럽다."라는 표현은 결국 화장을 걷어 내고 자세히 오래 보아야 본모습을 만날 수 있다는 뜻일 테다. 화장을 지우기 위해선 있는 그대로를 사랑하고 아끼는 자존감이 먼저 회복되어야 했다. 언제부턴가 정원에 꽃만으로는 뭔가 부족하다는 시각도 많았고, 정원을 만드는 이들조차 '더 크게, 더 많이'를 외치고 있었다. '꽃은 아름답지만 꽃만으로는 부족하다'는 이중적인 인식을 어떻게 바꿀 수 있을까? 정원과 꽃들의 자존감을 회복하는 일은 우리 인식의 틀을 바꿔야만 하기에 예상보다 크고 어려운 과업이었다.

유학 중에 영국 정원 여행 프로그램을 진행한 적이 있다. 기획하고 운영하는 과정에서 함께 공부하던 영국 친구 올리에게 여러 도움을 받았다. 지금도 정원사로 일하고 있는 친구인데 유학 생활 내내 교류하며 많은 대화를 나눴다. 그때 들은 얘기 중 하나가, 한때 영국 정원을 보기 위해 많은 일본 관광객들이 방문했는데 마치 강아지 같더란 것이었다. 인종 차별 같은 발언에 발끈했지만 이유는 이랬다. 보통 강아지들은 차를 타고 장거리 여행을 하면 도착하자마자 주변을 빠르게 돌며 탐색하고는 10분만 지나도 지쳐서 다시 차로 돌아온다. 정원에 내린 일본 관광객 대부분이 30분 정도 빠른 걸음으로 정원을 둘러보곤 곧장 차로 오는 것이 그와 비슷하게 느껴졌단 얘기였다. 한정된 경험이겠지만 "여기서 30분 드리겠습니다."

    3장 자연스러움이 가장 큰 디자인이다

라는 패키지 여행 가이드의 말을 떠올리면 어느 정도 수긍이 갔다. 올리는 그런 식으로는 정원의 진정한 아름다움을 발견할 수 없을 텐데 차라리 인터넷으로 사진을 보는 것이 훨씬 낫지 않겠냐고 했다.

정원의 잔디를 맨발로 밟아 보고, 의자에 앉아 긴 시간 책을 읽기도 하고, 꽃을 만지고 향기도 맡으면서 정원의 공기가 미세하게 바뀌는 것을 직접 느껴 봐야 평생 간직될 아름다운 정원을 만날 수 있다고 믿는 나로서도, 그렇지 못한 여행 형태가 왜곡된 정원의 모습을 끊임없이 재생산하는 것 같아 안타까웠다. 그래서 프로그램의 이름을 '심플 가든 투어'로 만들고 하루에 한 곳 또는 가까운 정원 두 곳을 방문해 문 여는 시간부터 문 닫을 때까지 머무는 프로그램으로 기획했다. 오래 머물며 정원의 맨얼굴을 자세히 보고 아름다움의 본질을 스스로 느끼게 하려는 취지였다. 내가 구구절절 아름다움을 설명하는 것보다 스스로 발견하고 마음으로 간직하게 해 주고 싶었다. 충분한 시간을 가진 참가자 각자가 진심으로 느낀 아름다움을 이야기하는 것을 보면서 정원과 꽃의 자존감이 높아짐을 느낄 수 있었다. 이러한 경험을 바탕으로 테마파크의 정원을 생각하기 시작했다.

먼저 테마파크는 비일상의 경험을 극대화하는 곳이다. 때문에 모든 공간, 모든 시설, 심지어 일하는 직원들도 과장된 자극을 표현하게 된다. 롤러코스터에서 한껏 비명을 지른 이용객들은 더 큰 자극을 주는 놀이기구를 타려고 바쁘게 뛰어다닌다. 먹거리와

꽃이니까 그냥 예쁘다

꽃만 있어도 충분히 예쁘다

자세히 보면 볼수록 아름다움의 깊이는 더해질 것이다

3장 자연스러움이 가장 큰 디자인이다

MD 상품도 자극적인 맛과 디자인으로 고객들을 기다린다. 공간 디자인도 편하게 쉴 수 있는 장소를 찾기 힘들게 되어 있었다. 그늘도 의자도 늘 부족해서 한번 다녀오면 평생 받을 자극을 다 받은 듯 극도의 즐거움과 피로감이 동시에 몰려오게 마련이었다.

이렇게 동적이고 자극적인 공간에서 정원이 살아남으려면 그 이상의 자극이 필요했다. 해마다 트렌디한 콘셉트가 만들어지고 그에 걸맞은 거대한 조형물을 설치해서 사람들의 시선을 끌려고 노력했다. 해마다 그렇다 보니 고객들도 자연스럽게 학습이 되어 꽃을 보는 것이 아니라 거대한 조형물을 정원의 주인공으로 생각했다. 사진 한 장 남기기 위해서 기꺼이 꽃을 밟고 화단에 들어가려고 했다. 캐릭터도, 정원도 더 드세지기만 하던 현실에 순응한 것을 전문가로서 반성할 수밖에 없었다.

그때 1988년 서울 올림픽 개막식을 떠올렸다. 역대 최고의 순간으로 기억하는 '굴렁쇠 등장'에서 새로운 영감을 얻었다. 역동적이고 현란한 공연 사이에 갑자기 어린 소년이 굴렁쇠를 굴리며 운동장으로 나왔던 장면이다. 그 고요해진 일순간 느낀 묘한 쾌감은 수십 년이 지난 지금도 온몸에 남아 있다. 그렇듯 모두가 시선을 끌고자 애쓰는 이 비일상의 장소에서, 완전히 다른 결을 지닌 정적이고 평화로운 공간이 오히려 가장 강력한 자극이 되리라 확신하게 됐다.

그러면서 꽃에 내재된 본질을 바라보게 만들고 절제된

식물이 보여 주는 녹색의 매력은 정적이지만 아주 동적이다

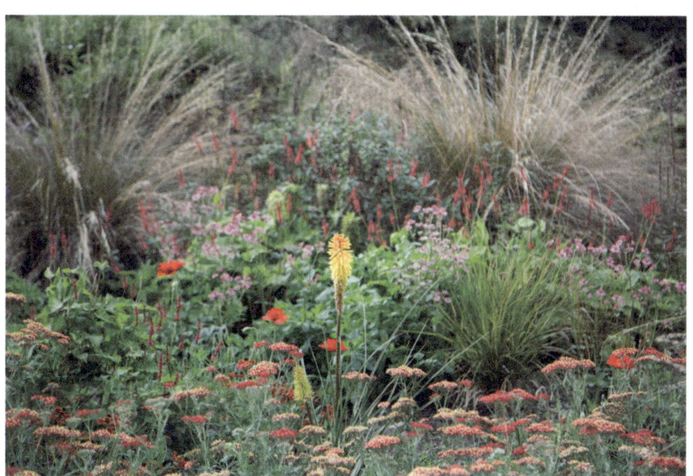

매일 매력적인 꽃은 없지만 매력적인 꽃은 매일 매 순간 있다

　3장 자연스러움이 가장 큰 디자인이다

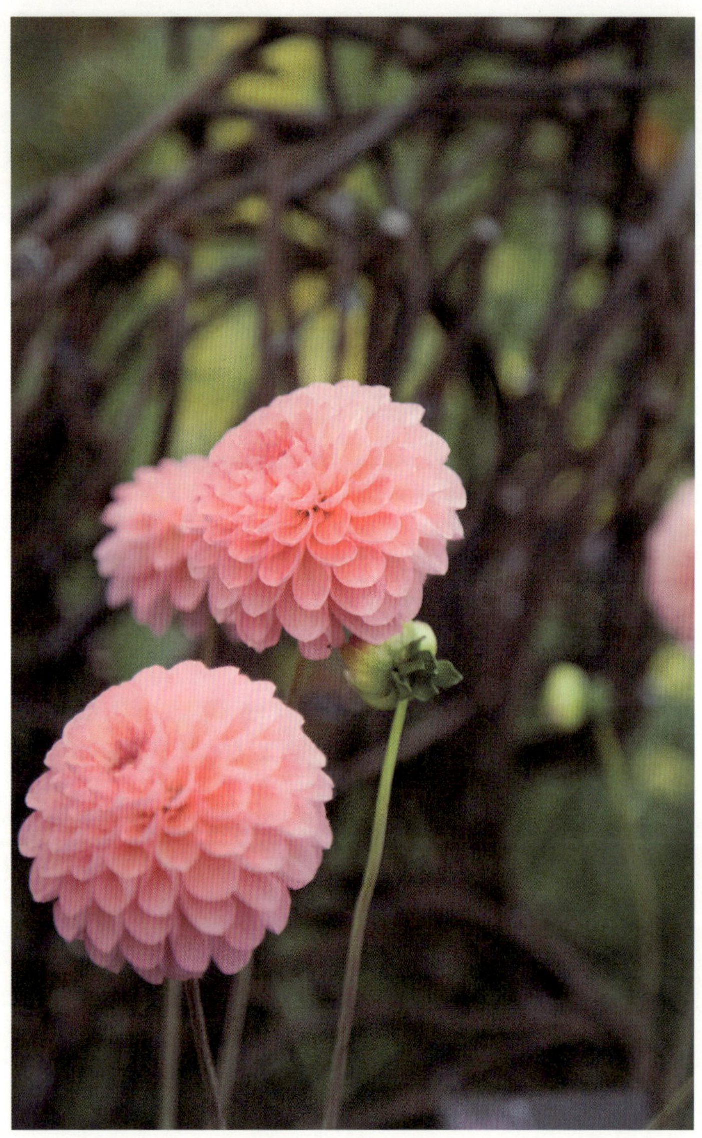

자세히 들여다보면 볼수록 더 아름다운 꽃들

질서 속에서 사람들을 오래 머물게 할 수 있는 길을 찾아야 했다. 2017년부터 테마파크 정원을 가꾸면서는 액자 속에 갇혀 있던 정원을 자유롭게 풀어 주고자 했다. 자연이 만들어 줄 수 있는 식재 기법인 혼합 식재Mixed planting를 주된 스타일로 정원을 연출했다. 단일 식재Mass planting에 익숙한 우리에게 새롭고 신선한 정원의 모습을 어필했지만 결국 거대한 화려한 조형물에 밀리게 되었다. 그동안 다른 팀에서 진행했던 정원 구조물은 사실상 꽃과 경쟁이 되지 않을 만큼 화려했다. 그래서 화장을 걷어 내는 차원에서 혼합 식재에서 다시 단일 식재로 돌아가기로 했다. 더욱 단순하게 꽃만 보이게 정원을 디자인하고, 정원의 조형물 디자인도 모두 우리가 진행하기로 결정했다. 전보다 덜 화려하겠지만 훨씬 꽃에 몰입할 수 있는 정원이 되리라 기대했다. 꽃이기에 그냥 예쁘니까 말이다.

귀한 고객의 컴플레인

디자인은 고객을 설득하는 과정이다. 2019년 봄 정원을 기획하면서는 꽃이 그 자체만으로 아름답다는 이야기를 효과적으로 전달하고 설득하기 위한 이야기가 필요했다. 고객들이 꽃을 자세히 들여다보도록 만들 장치를 마련하고 직관적인 디자인 언어로 표현하면 좋을 거라 생각했다.

　　함께 일하는 동료들이 나는 '오와 열'을 강조한다고, 줄이 삐뚤어지면 항상 지적이 나온다고 농담반 진담반으로 이야기하는데 맞는 말이다. MBTI 유형도 정리정돈과 질서를 중시하는 J형으로서, 정원을 만들 때 가장 먼저 공간을 나누고 동선을 디자인할 때도 딱 떨어지는 선들을 선호하는 편이다. 그렇다고 자유로운 낭만을 절대 무시하지는 않는다. 낭만주의 한량, 하지만 단정한 한량이랄까. 오래전부터 식재를 통해 식물의 자유로운 낭만을 표현하고자 노력했는데 정원 구조가 단순하고 명료할수록 이것이 극대화된다는 사실을 발견했다. '단순한 공간에서 식물은 낭만적인 존재가 된다'는 나만의 정원 디자인 철학을 갖게 된 것이다.

　　영국인들이 가장 사랑하는, 나 역시 가장 좋아하는 정원 중 하나가 시싱허스트 가든Sissinghurst Castle and Garden이다. 영국 대표 작가 버지니아 울프의 소설 『올랜도』의 실제 모델이던 비타 색빌 웨스트와 외교관 출신인 헤롤드 니콜슨이 함께 만든 정원이다. 공간의 질서를 추구한 남편과 낭만적인 자유로움을 추구한 아내의 서로 다른 성향이 적절한 거리 두기를 통해 아름다운 조화를 이루어 냈다. 헤롤드는 페르시아 지역에서의 근무 경험을 바탕으로 정원에 추상적이면서 단순한 질서를 부여했고, 비타는 작가의 섬세함으로 정원에 로맨틱함을 채워 넣었다. 비타는 훗날 '정원에서 기하학적인 질서는 외부 세계의 무질서로부터의 구원'이라 말했는데 남편에 의해 자신을 구원해 주는 공간의 질서를 부여받고 본인만의 섬세한 터치를 통해 아름다운 정원 모델을 만들어 낸 것이다.

조경 디자인을 막 시작한 무렵에는 유행을 따르는 기이한 디자인을 많이 했는데 프로젝트를 마치고 나면 항상 찜찜함이 남았다. 당장은 멋있지만 금방 질려 버리는, 그리고 식물의 역할이 없어져 버린 정원을 만들고 있다는 불편한 마음이었다. 이것이 쌓여 일종의 침체기가 왔고 노력을 기울여도 마음대로 되지 않았다. 그때 극복하도록 도와준 것이 순수 예술이었다. 특히 추상화 작품들은 작가들이 단순화한 형태를 통해 본질의 모습이 주는 즐거움을 느끼게 해 주었다. 숨은 그림을 찾듯이 단순함에 숨겨진 깊은 이야기를 발견하는 재미가 쏠쏠했다. 아주 오래전 아파트 단지 외부 공간을 디자인할 때 러시아 작가 칸딘스키의 작품 오마주를 통해 공간을 통째로 연출했던 적도 있을 만큼 좋아했다. 생각을 더욱 단순하게 정리하고 기교를 뺀 담백한 디자인이 쉽게 바뀌는 유행보다 더 아름답다는 놀라운 사실을 발견하면서 슬럼프에서 빠져나올 수 있었다.

에버랜드 정원에서 효과적으로 꽃의 본질을 이야기할 도구를 고민하던 중 네덜란드 추상화의 거장 피터르 몬드리안의 작품들을 떠올렸다. 어찌 보면 몹시 아이러니했다. 몬드리안은 자연을 너무나 싫어했던 예술가였기 때문이다. 초록색 잎이 보기 싫어 하얀 물감으로 칠했다거나 창밖에 보이는 나무를 외면하려 창을 등지고 앉았다는 일화는 물론, 나무 자체의 형태를 없애 버린 <꽃핀 사과나무> 같은 작품도 너무 유명했다. 이런 예술가가 정원의 본질을 이야

   3장 자연스러움이 가장 큰 디자인이다

시싱허스트 가든 1

시싱허스트 가든 2

  3장 자연스러움이 가장 큰 디자인이다

기하는 데 도움이 될까 의문이 들 법하지만, 형태를 극단적으로 단순화시키는 몬드리안의 기법은 보이는 형태를 감상하는 데 머물지 않고 사물이 가진 본질에 더 접근하는 노력이었기 때문에 정원과 꽃의 본질에 접근하는 새로운 관점이 될 수 있다고 생각했다.

당대 지식인들 사이에는 신지학이라는 신비주의적 철학이 유행했는데 몬드리안도 심취했다고 한다. '모든 것이 변해도 변하지 않는 근원적이고 보편적인 진리가 있다'는 새로운 사상이었는데 몬드리안은 작품에서 예술적으로 불변의 진리와 가치를 찾기 위해 끊임없이 본질적인 시도를 했다. 이를 위해 형태를 더욱 단순하게 만들어 껍데기에 집착하지 않은 예술이 본질에 집중할 수 있음을 작품으로 표현했다. 나무의 형태를 없앰으로써 불규칙의 극치인 나무의 본질을 파헤쳤고, 앙상한 선만 남겨 본질의 깊은 미를 표현하려 했다. 그의 철학과 예술은 다양한 학술 논문에서 다룰 만큼 어려웠지만 그의 창작물들은 너무도 단순하고 직관적이었다.

결국 내가 표현하고 싶은 정원과 꽃의 본질을 고객들에게 가장 효과적으로 전달하기 위해서는 화려하게 꾸미기보다 단순하게 표현해야 한다고 생각했다. 어찌 보면 간단한 이야기 한 줄을 만들기 위한 긴 씨름이다. 나 역시 더욱 경험이 쌓이고 대가의 반열에 들어서면 고객의 이해와 현장 표현의 간극을 좁히는 정원 디자이너가 되어 있을 것이다.

어쨌든 고민 끝에 정한 몬드리안 콘셉트는 봄의 주된 소재인 '튤립'의 나라와도 통했다. 몬드리안이 네덜란드 출신이니 주한 네덜란드 대사관의 도움도 기대할 수 있을 듯했다. 꽃을 매개체로 네덜란드 대사관과는 수년째 좋은 관계를 유지하고 있기에 네덜란드 대사님께서 몬드리안 소개 영상에 출연해 주시기도 했다.

이렇게 결정된 최종 콘셉트는 단순히 '몬드리안 가든'이 아니라 '몬드리안이 살아서 이곳에 튤립 정원을 만들면 어떻게 만들까?'였다. 그저 그의 작품과 비슷하게 만드는 것이 아니라 그의 철학을 통해 꽃 본연의 아름다움을 들여다보는 정원을 만들고자 했다.

지금까지 포시즌스 가든은 위계가 하나도 없는 공간으로 그때그때 필요에 따라 뭔가 더 복잡한 것들을 무질서하게 덧붙인 정원이었고, 구불구불한 동선들까지 질서라고는 조금도 발견할 수 없이 지독히 자유분방한 공간이었다. 몬드리안이 방문했다면 입구에서 눈을 감거나 곧장 걸음을 돌리지 않았을까 혼자 상상하며 웃곤 했다. 이렇게 뜯어보니 사람들이 이곳에서 꽃을 자세히 보기는 어려웠겠구나 하는 생각도 들었다. 어쨌든 혼란스러운 공간에 질서를 부여하려고 곡선의 동선을 직선으로 바꾸고 좌우 대칭도 최대한 살리면서 공간을 단순화했다.

몬드리안은 작품에 원색을 주로 사용하였는데 그 또한 신지학의 영향이다. 신지학에서는 빨간색, 노란색, 파란색을 기본 색으로 정의하며 유일하게 실존하는 색채라 여겼다. 몬드리안은 원색에서 확장되는 움직임이 삶의 에너지를 느끼게 한다고 믿었다.

곡선 대신 직선이 정원에 그려지고 있다

혼합 식재에서 다시 단일 식재 패턴으로

네덜란드 대사님과 함께하는 어린이 튤립 체험 행사

봄의 강한 에너지와 빛의 움직임을 상징하는 노란 튤립, 에너지를 상승시키는 빨간 튤립을 정원을 대표하는 색채로 선정했다. 여기에 파란색 무스카리를 통해 빈 공간에 하늘의 여백을 만들어 주었다. 최대한 절제된 검은색의 디자인 조형물 뼈대로 본질에 더 집중할 수 있는 구조를 만들어 주면서 원색인 꽃들이 더욱 부각되게 연출했다.

선을 단순화하고 면의 비례와 반복을 통해 예술의 본질을 찾고자 했던 몬드리안의 노력은 한국화의 '여백의 미'와 비슷하다고 생각되었다. 여백은 형태보다 그 속에 내포한 의미를 표현하는 수단으로, 내면세계를 중요시한 우리의 오래된 심미적 철학을 대표한다. 단순하게 절제한 표현은 여백과의 조화를 통해 내면세계를 보다 깊이 있게 전달하며 감상자에게 다양한 해석의 여지를 제공한다. 여백이 아름다운 이유는 단순한 멋스러움 이상으로 나아갈 여지를 주기 때문이라는 사실이 큰 울림으로 다가왔다. 단순화하고 비워 내는 것은 본질로 충만해지는 과정임을 예술가의 그림과 우리 전통 사상에서 동시에 발견하면서 새 정원에 대한 자신감을 더 얻었다.

3주간의 공사 기간을 거쳐 "Mondriaan × Flowers" 정원이 완성됐다. 결과적으로 드러나는 일차적 느낌은 몬드리안의 유명한 작품과 비슷했다. 하지만 그 안에 오랫동안 여러 사람이 함께한 고민들이 녹아 있었기에 어느 때보다 완성도 높고 디테일이 완벽한 정원으로 재탄생할 수 있었다. 이렇게 진한 화장을 걷어 낸 정원

　　　　　　　3장 자연스러움이 가장 큰 디자인이다

에 대한 반응은 과연 어땠을까? 의도대로 꽃의 본질에 집중했을까? 아니, 꽃을 자세히 들여다보기라도 했을까?

"튤립의 품질이 좋지 않음." 고객으로부터 접수된 불만 사항이었다. 사실 너무나 억울한 컴플레인이었다. 2017년부터 튤립 등의 식물 소재 품질을 높이기 위해 많은 노력을 기울였다. 건강한 튤립 구근을 수입하기 위해 구매 절차도 변경하고 최적의 환경을 조성하려고 일정한 토양 배합비를 위한 과학적 매뉴얼을 마련했다. 외부 농가에서 재배하는 초화들의 수준도 일정하게 유지하기 위해 현장 검수를 자주 나가는 등 모든 스태프가 노력을 기울이며 열심히 발로 뛴 덕에 식물 소재의 품질은 눈에 띄게 좋아졌다. 단순히 주관적 평가가 아니라 객관적 사실이었다. 내부적으로도 역대급이라는 평가였고, 품질이 매우 우수해서 벤치마킹을 위해 외부에서 온 분들은 우리가 많은 예산을 쓴다고 오해하기도 했다. 실제로는 지자체의 절반도 안 되는 예산으로 유지·관리하는 실정이었는데 말이다. 튤립의 나라 네덜란드에서 온 전문가들도 튤립의 상태와 연출력을 칭찬했다.

그렇기에 품질에 대한 고객의 불만은 상당히 의외였다. 축제 담당자와 함께 무엇이 문제였을지, 왜 컴플레인이 제기된 것인지 검토하며 정원을 매일 아침 점검했다. 역시나 튤립의 품질에는 문제가 없어 보였다. 화단에 심겨진 튤립을 뚫어지게 보며 고민에 잠겼다. 그 순간 꽃이 일찍 져서 지저분해 보이는 튤립 몇 송이가 보

여백이 주는 아름다움

봄의 강한 기운이 노란색 튤립으로 더욱 강하게 느껴진다

Mondriaan × Flowers 정원

     3장 자연스러움이 가장 큰 디자인이다

였다. 유레카를 외치고 싶은 심정이었다. '이거였구나!' 축제 담당자와 함께 '이건 오히려 우리가 감사 인사를 드려야 할 불만 제기였다'며 좋아했다. 즉, 튤립의 전체 품질에는 문제가 없었지만 꽃 하나 하나를 성의 있게 지켜본 고객의 시선에 일찍 시든 꽃잎들까지 세밀하게 포착됐던 것이었다. 꽃 자체에 집중하여 자세히 들여다보아 주시기를 바랐던 기획자의 구상, 그걸 그려낸 디자이너의 손길, 현장에서 실현한 시공자의 의도가 충실히 실현되었음을 오히려 확실히 알게 된 계기였다.

2019년, 에버랜드에 새로운 정원이 조성되었다. 중부 지방 최초로 매화를 테마로 한 정원이었다. 공사는 2017년에 마쳤지만 여러 사정으로 1년간 운영하지 못했고 우여곡절 끝에 문을 열 수 있었다. 원래는 다른 시설이 예정되어 있어서 설계를 마치고 토목 공사를 진행하던 중 계획이 취소되었다고 한다. 가끔 일어나는 일이라고 하지만 토목 공사까지 시작한 곳을 되돌려야 했으니 담당자들로서는 많이 실망스러웠을 것이다. 녹화綠化 중심보다는 이왕 더 예쁘고 의미 있게 복구했으면 좋겠다는 의견이 있어 고민 끝에 중부 최대 규모의 매화원으로 탈바꿈하게 되었다고 했다. 결과적으로 새로운 정원이 탄생하게 되었던 것이다.

매화원으로 방향이 정해진 후 내부적으로 많은 논의가 있었다. 한 해에 길어야 3주 정도 피는 매화가 괜찮겠느냐부터, 동적이고 자극적인 시설로 가득한 테마파크에 고즈넉한 분위기의 대규모 정원이 적합한가 등등 대부분 부정적인 의견이었다. 뜻을 한데 모으기가 쉽지 않았기 때문에 투자 규모를 최소한으로 줄여야 했다. 조성 후 상황을 보며 시설을 추가해 나가기로 했다. 그러다 보니 초기에는 화장실과 조명도 없는 정원일 수밖에 없었다.

우리나라에서는 매화가 사군자의 하나로 봄을 상징하는 꽃이지만 영어권에서는 정원에 거의 사용되지 않는 품종이다. 영어에는 매화라는 단어가 없고 서양자두Plum 또는 일본살구Japanese apricot로 표현한다. 그러다 보니 정원 문화가 발달한 영국에서도 매화를 주제로 한 정원은 찾아볼 수 없었다. 유럽의 경우 매화가 자라기에 환경이 적합하지 않고 매실도 식재료로 사용되지 않았기에 정원에 심지 않았던 듯싶다. 그래서 매화원에 대한 사업 모델을 만들기가 쉽지 않았고 많은 이들이 성공을 확신하지 못했다. 우리나라, 중국, 일본에서도 정원보다는 농장의 개념으로 매화를 재배하는 것이 일반적이다. 꽃을 감상하는 것은 봄 한철이고, 열심히 농사지어 초여름 매실을 수확해 매실청이나 매실주를 담그거나 장아찌를 만드는 것이 목적이므로 매화로 아름답게 꾸미는 것보다 매실 수확이 목적이 된 공간이 되었다.

요리를 즐겨 하는 나는 거의 모든 요리에 매실청을 조금씩 사용한다. 감칠맛을 더해 주기 때문이다. 청을 담글 때 들어가는 엄청난 양의 설탕에 놀란 적이 있는데 발효 과정을 거치면서 구연산으로 바뀌므로 건강한 단맛이 되고 소화에도 도움이 된다고 한다.

  3장 자연스러움이 가장 큰 디자인이다

폭우로 무너져 내린 매화원 1

폭우로 무너져 내린 매화원 2

살아 주길 바라며 지극정성 보살핀 매화들

발효시킨 매실을 사용하는 식문화를 가진 우리나라에서는 1990년대 초부터 서식 환경이 좋은 곳에 매실 농장이 만들어지기 시작했는데 광양을 비롯한 남쪽 지방에 집중되어 있다. 기상청 자료에 따르면 광양의 평년값(과거 30년간의 기온이나 강수량 따위의 기상 요소를 평균하여 나타낸 값)은 26.8도이지만 에버랜드가 있는 용인의 경우 평년값이 25.5도이다. 열매를 맺는 데는 온도가 아주 중요한 인자이기에 1.3도라는 기온차는 매실의 품질과 수확량에 큰 영향을 끼친다. 이 때문에 매실 농장 대부분이 전라도, 경상도에 위치해 있고 중부에는 대규모 농장이 없다.

흔히 매화가 선비를 상징하는 봄꽃이자 눈 속에서 피어나 유교에서 지조를 상징하는 꽃으로 알고 있는데 전국구로 대규모로 심겨진 것은 아니었다. 아마도 마당에 홀로 한 그루씩 심겨져 있어 더욱 고결한 존재로 여겨지지 않았나 싶다.

어쨌든 새로운 매화원을 만드는 데 상황이 호의적이지는 않았다. 기후대도 맞지 않은 지역에 700여 그루의 매화를 심고 기르는 것도 쉬운 일이 아닐 텐데 일 년 내내 정원을 쓸모 있게 사용하는 것도 큰 숙제였다. 매화원 조성이 완료되고 우리 팀에서 정원 관리와 연출을 시작했을 때 이곳은 정원이라기보다는 급하게 조성된 농장의 느낌이었다. 경사면에 조성된 정원이지만 토사 유출을 막을 기본적인 녹화도 이루어지지 않았고 전국에서 구해 온 젓가락 같은 매화들이 심긴 곳은 마치 1970년대 사방공사 후 모습 같았다.

공사 완료 후 바로 개장하지 못하고 재정비 시간을 갖게 된 것이 오히려 다행이었다. 예산이 충분치 않아서 정원사들의 정성으로 일 년의 시간을 채워야 했다. 두 가지 전략으로 일 년 후를 기약했는데 첫째로 매화의 품질을 높이는 것, 둘째로 사계절 볼거리가 있는 정원을 만드는 것이었다.

품질을 높이려면 조속히 용인 지역의 토양과 기후에 적응시켜야 했기에 담당 정원사는 700여 그루 매화를 '살려야 한다'는 절박한 심정으로 어르신을 모시듯 한 그루 한 그루 정성껏 돌봤다고 한다. 겨울에는 매화원 입구에 심은 대나무 6000주가 얼어 죽지 않도록 하나하나 월동용 피복을 정성껏 입혔다. 매화꽃의 품질 상향을 위해 초기 나무 수형은 포기하고 더 많은 꽃을 받기 위해 가지치기도 하지 않았고, 영양분이 열매로 집중되는 것을 막기 위해 미리 열매도 적과 작업을 하는 등의 노력을 들였다. 매일 아침 정원을 점검할 때마다 대했던 담당자의 원망 섞인 얼굴을 잊을 수 없을 것이다.

사계절 볼거리를 위한 디자인 시설물 등이 들어올 형편이 안 되었기 때문에 가장 저렴한 식물로만 연출해야 했는데 그나마도 여력이 없었다. 그래서 곧 폐기될 식물 소재들을 기도하는 마음으로 매화원으로 옮겨 심기 시작했다. 봄이 끝나면 전량 폐기되는 구근들을 옮겨와 심었고, 자체 증식한 백리향, 구절초 등이 식재되었다. 가을 연출이 끝난 후에도 폐기 예정인 아스타 및 그라스 종류들을 옮겨와 열심히 가꾸어 계절적 변화감을 줄 수 있는 연출을 시작했다. 모두가 살아 있는 생명체였기 때문에 한순간도 방심할 수 없는 긴장 속에 일 년을 보냈다.

드디어 2019년 매화원이 문을 열었다. 매화는 일 년 동안 용인 땅에 잘 적응했고 꽃의 양도 전년 대비 150% 이상 많아졌지만 여전히 부족한 것이 많았다. 광양 매화 축제 때 100만 명이 광양을 찾은 것에 비하면 미미했지만 한 달 반 동안 약 4만 명이 넘는 분들이 에버랜드 매화원을 찾았다.

매화원 도슨트 프로그램도 직접 진행했다. 매화에 얽힌 이야기, 매화원이 만들어진 과정과 만든 사람들의 이야기를 통해 매화와 이 공간의 진가를 더 깊이 느낄 수 있도록 노력했다. 매화는 비슷하게 생긴 꽃인 벚꽃과는 감상법이 달랐다. 벚꽃은 화려하게 핀 꽃들을 주로 감상하는데 일본의 경우 꽃이 활짝 핀 벚나무 아래 술 한잔하는 '하나비'라는 독특한 문화도 발달했다. 일본에서는 매년 벚꽃 절정기에 좋은 자리를 맡는 것이 회사 신입 사원들의 업무라고까지 한다. 실제로 일본 출장길에 많은 젊은이들이 아침부터 벚나무 아래 돗자리를 깔고 있는 모습을 신기하게 봤던 기억도 있다.

벚꽃과는 다르게 매화는 꽃봉오리 때부터 꽃망울이 터지는 그 순간까지 과정을 즐긴다. 벚꽃처럼 탐스럽지 않아도 추운 겨울을 지나 봄이 올 무렵 한 송이 피워 낸 모습을 칭송했다. 과정을 한눈에 볼 수 없기에 약간의 설명을 통해 상상해 가면서 제대로 아

　　　　　　　3장 자연스러움이 가장 큰 디자인이다

름다움을 느낄 수 있게 된다.

　　첫해 매화원에 대한 고객 만족도는 상당히 높게 나왔지만 불만 제기도 제법 있었다. 꽃의 품질에 대한 언급이 많았다. 대부분이 기대보다 꽃이 별로였다는 내용이었다. 아마도 '중부 지방 최초의 매화 테마 정원'이라는 홍보 문구가 준 기대와 차이가 컸던 듯싶다. 하지만 수년 내 중부 지방의 명소가 될 것이라는 칭찬도 있어서 실망보다는 기쁨이 더 컸다. 6년이 지난 지금은 흐드러지게 핀 꽃이 진한 향기와 겨울을 이긴 고결한 아름다움을 전하는 명소가 되어 가고 있다.

　　나무는 감가상각되는 물건이 아닌, 살아서 성장하는 생물이므로 시간이 흐르면서 더 많은 사람들에게 감동을 줄 수 있으리라 생각했다. 폐기 처분 직전 새로운 보금자리에 심겨진 많은 식물들은 무심한 듯 성장해서 지금은 한 계절을 담당하는 귀한 주인공들이 되었다. 공간에 꽃과 이야기가 가득 채워지니 다른 시설에 대한 필요성도 그리 느껴지지 않는 곳이 되었다.

　　이곳을 찾아 주신 고객들 가운데 기억에 남는 부부가 있다. 연간 회원으로 가입하셔서 봄이면 거의 매일 아침 두 분이 손을 잡고 매화원을 산책하신다. 매화의 고즈넉한 자태와 고결한 꽃망울, 그리고 진한 향기 속을 산책하는 이들을 보고 있노라면 '진정으로 정원이 완성되었다'고 느껴지고 누가 꽃이고 누가 사람인지 구분이 가질 않는다.

매화원 정상에서 바라본 에버랜드 전경

눈 내린 매화원을 산책하다 보면 선비들의 지조를 느낄 수 있다

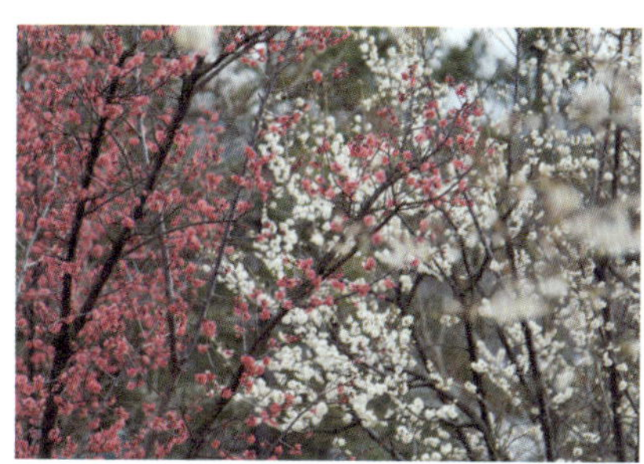

4년 만에 200% 이상 볼륨이 커져서 공간을 가득 메운 매화들

길이 보이지 않을 만큼 가득 채운 매화들

3장 자연스러움이 가장 큰 디자인이다

2017년 오픈 당시 전경

정원이 정원다울 수 있는 순간은 식물이 그곳의 주인이 되었을 때다. 그 속에서 소통이 이루어질 때에야 비로소 꽃의 본질적인 아름다움을 발견할 수 있다.

장미의 귀환

우리나라 대표 테마파크 에버랜드는 1976년 4월 자연농원으로 문을 열었다. 지금은 놀이기구로 가득 차 있는 테마파크의 전형이지만 시작은 창업주의 뜻이 담긴 나무들로 가득 찬 농원이었다. 자연농원 시절, 식물과 관련한 많은 시도들이 있었다. 그 대표적인 예가 122품종 3,500여 주의 장미가 심겨진 우리나라 최초의 장미원이 조성되어 꽃을 본격적으로 즐기는 문화가 만들어지기 시작했다는 점이다. 여러 선배들이 정성 들여 가꾼 덕분에 10년 만에 5,000주의 장미가 백만 송이 꽃을 피우는 정원으로 성장했고 국내 최초의 꽃 축제인 '장미 축제'가 1985년 6월에 시작되었다. 매년 백만 송이 장미가 장미원을 가득 메우면 그 꽃을 보기 위해 약 6천만 명 이상의 고객들이 장미 축제를 다녀갔다. 이렇듯 장미원은 에버랜드를 대표하는 브랜드이자 유산임은 의심할 여지가 없어 보인다.

하지만 700여 품종의 장미가 심겨 있지만 에버랜드 하면 떠오르는 장미, 또는 에버랜드 자체에서 개발한 장미 품종이 없었다. 또한 다양한 품종이 연출되어 있지만 장미는 그냥 장미로 일반화되어 있었다. 물론 이것은 에버랜드만의 문제는 아니었고 국내 전반에서 다양한 품종의 중요성에 대한 인식이 높지 않았다. 장미원이 만들어진 지 반백 년이 되도록 품종에 대해서는 크게 신경 쓰지 않아 2010년대 초까지도 로열티를 지불하는 해외 품종이 가득 차 있었다.

영국 유학 시절인 2013년, 당시에는 전 직장이었던 에버랜드의 여러 사람들에게 영국 정원 안내를 해 드리게 되었다. 직원이 아닌 외부 전문가로서 다양한 이야기를 나누었는데 그중에 장미에 대한 이야기를 비중 있게 전했다.

에버랜드 장미원은 우리나라를 대표하는 장미원이다. 누구나 이견 없이 인정할 만한 사실이다. 하지만 정작 그곳에는 자체적으로 개발한 품종이 없었다. 해마다 봄이면 화려한 장미가 정원을 가득 메우고, 축제의 열기가 사람들을 불러 모으지만, 그 아름다움은 축제가 끝나면 사라졌다. 장미원에 서 있으면 장관이 펼쳐지지만, 그 속에는 묘하게 알맹이가 빠져 있는 듯한 허전함이 남는다. 다른 나라 장미가 그저 축제에 소비되고 있는 모습이 안타까웠다.

장미는 단순히 눈을 즐겁게 하는 꽃이 아니다. 인류의 역사와 함께 자라 온 상징이며, 수많은 이야기를 품은 보이지 않는 문화유산이다. 새로운 품종이 태어날 때마다 새로운 이야기가 생겨났고, 그 이야기는 예술과 문학, 사회와 일상 속으로 스며들며 시대의 문화를 만들어 왔다. 그렇기에 장미원은 단순히 꽃을 보여 주는 공간에 머물 것이 아니라, 그곳의 장미를 세상에 내놓음으로써 그 이야기를 확장하고 문화적 결실을 맺어야 한다고 생각한다.

품종은 단순한 원예적 성취를 넘어선다. 그것은 꽃의 경쟁력이자 문화의 뿌리다. IMF 이후 국내의 많은 종자 회사들이 외국계 기업에 넘어가면서, 우리는 지금 우리 땅에서 길러낸 꽃조차 매년 상당한 로열티를 지불하며 키우는 처지가 되었다. 지난 10년간 그 규모는 다섯 배 이상 증가했고, 앞으로도 더 커질 것이다. 화훼 산업이 성장하고 있다는 증거이기도 하지만, 동시에 그 결실이 외국으로 흘러가고 있다는 현실을 보여 주는 대목이다.

품종 개발은 단순한 경제적 가치에 머물지 않는다. 그것은 정원 문화와 화훼 문화의 근간이 되고, 더 나아가 훌륭한 유전자 자원으로서 국가적 자산이 된다. 품종을 확보한다는 것은 곧 문화의 뿌리를 지키는 일이며, 미래 세대를 위한 문화적 토대를 세우는 일이다.

장미는 그 자체로 풍부한 의미를 바탕으로 다양한 서사를 만들어 낸다. 아름다운 향기는 향수로, 꽃의 형상과 상징은 예술과 문학으로 확장되며 인류 문화 속에 깊이 스며들었다. 그러나 앞으로 새로운 이야기를 만들기 위해서는 반드시 새로운 품종이 필요하다. 품종 없는 스토리텔링은 결국 한계에 부딪힐 수밖에 없다. 결국 장미원의 경쟁력은 품종으로 어떤 문화를 만들어 내느냐에 있다

　　　　　　　3장 자연스러움이 가장 큰 디자인이다

고 판단했다.

　　사실 이때는 장미 문화라는 표현조차 생소한 시절이었다. 영국에서 정원 문화유산에 대한 논문을 쓰면서 한국 교수들께 자문을 구하면 대부분 '정원도 문화유산이 될 수 있구나'하는 반응이 돌아왔다. 평소 소신을 이야기했으나 얼마나 영감을 주었는지 자신할 수 없었지만 놀랍게도 일행들이 돌아간 후 그곳에 장미 육종 파트가 만들어졌다는 소식을 들었다. 놀라운 추진력이었다. 육종 전문가를 새로 뽑은 것도 아니고 다른 업무를 하고 있던 사람들을 모았다는 소식도 흥미로웠다. 그리고 생각했다. '아... 내가 괜한 말을 해서 여러 사람 힘들게 하겠구나.' 아마 담당자들은 맨땅에 헤딩하는 심정으로 육종 프로젝트를 진행했을 것이다. 장차 에버랜드에서 개발한 장미가 나온다면 내 아이들에게 '이건 아빠의 제안에서 시작된 프로젝트로 만들어진 꽃들'이라 자랑할 무용담 하나 생기겠다고 뿌듯해 했다. 그때까지만 해도 에버랜드로의 재입사는 계획에 없었으니 말이다. 나중에 듣기로는 당시 회사 내부에서 장미 품종 개발에 대해 이미 생각이 있었고 내가 확인을 시켜 드린 것이라고 했다.

　　에버랜드에 재입사한 날이 2016년 5월 1일인데 5월 9일에 첫 번째 '스위트 드레스'가 정식으로 종자원에 신품종으로 등록되었다. 절화용이 아닌 정원 장미로는 국내 최초다. 지금까지 34개 품종이 등록 절차를 마쳐서 품종을 보호받고 있고 해마다 서너 가지 새로운 품종을 개발하는 것을 목표로 하고 있다.

이렇게 귀하게 만들어진 장미들의 품질은 너무 좋았다. 내한성, 내병성, 내충성은 물론 꽃의 모양과 색깔도 최상급이라고 판단되었다. 그런데 '좋다, 최고다'라고 말하는 것으로는 그리 인상적인 설명이 될 수 없었다. 그래서 국제 장미 콘테스트에 참가해 수상을 한다면 구구절절한 설명 없이도 에버랜드 장미의 우수성을 알릴 수 있을 것이라 생각했다. 그래서 해마다 두세 군데 국제 장미 콘테스트에 지원을 했다.

사실 육종의 역사가 십 년도 되지 않는 우리가 넘기에는 그 벽이 높은 것이 사실이었다. 심사 기간만 최소 이삼 년씩 걸릴 정도로 까다롭고 실질적인 장미의 품질을 겨루는 대회이기 때문이다. 현지 사정을 전혀 모르기 때문에 장미의 품질로 승부를 보는 수밖에 없었다. 장미를 보내고 콘테스트가 열리는 현지에서 그들이 이삼 년 동안 키우면서 평가하는 시스템이기 때문에 기도하는 마음으로 기다리는 것 외에 할 수 있는 게 없었다. 기다림 끝에 일본 기후 국제 장미 콘테스트에서 2021년 은상, 2022년 금상과 최고상을 수상했다. 하나의 품종을 만들기 위해 1만 번 이상의 실패를 거치는 담당자들의 노력이 큰 결실을 맺게 되어 너무나 행복했다. 이제 에버랜드 장미원의 주인공은 우리 장미가 될 것이기에 더욱 행복했다.

    3장 자연스러움이 가장 큰 디자인이다

바론느 릴리(세계장미협회 초대회장에게 헌정된
에버랜드 개발 장미)

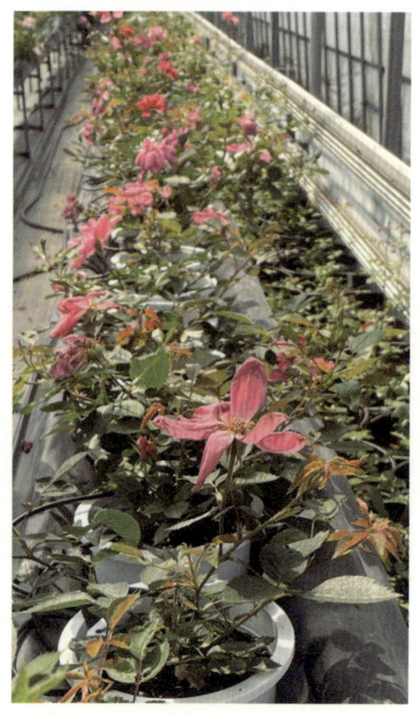

선택받기를 기다리는 새로운 장미 품종

새로운 품종이 개발되는 장미 육종 온실

2016년 에버랜드에 재입사했을 때 40년 묵은 장미원의 상태는 매우 좋지 않았다. 근본적으로 장미의 상태가 심각했는데, 겨울을 지난 후 고사율이 30%에 육박했다. 원래 추위에 강한 품종이 장미인데 겨울을 이기지 못하고 있었으니 관리 방법에 문제가 많을 것이라 생각했다. 매년 겨울이 지나고 죽어가는 장미들이 무수했고 어렵게 살아남은 장미의 품질도 좋지 않아 오래전부터 대책 보고서가 만들어졌다고 했다. 장미원을 이리저리 둘러보았지만 특별한 문제점이 보이지 않았고, 기존 보고서를 읽어 봐도 특별한 해결책이 없어 보였다. 그런데 겨울이 되고 월동 준비를 하는 모습을 보면서 장미 품질 저하와 겨울철 높은 고사율의 원인을 발견했다. 바로 월동 방법이 문제였다. 그동안은 완전무결하게 꽁꽁 싸매는 식이었던 것이다. 내한성이 그렇게 약한 식물이 아닌데 숨도 못 쉴 정도로 꽁꽁 싸맨 것은 이해하기 힘든 방법이었다.

식물의 월동 메커니즘은 가을이 되면 줄기에 있는 물을 다 뽑아내 휴면 상태를 만들고 그 상태에서 겨울을 견디는 것이다. 내한성이 높다는 것은 이러한 상태에서 겨울을 견딜 힘이 강하다는 말이다. 하지만 장미원에서 매년 똑같이 시행했던 월동 방법은 줄기에서 물이 빠져나갈 시간조차 주지 않아서 줄기 물을 그대로 유지한 채 겨울을 나게 된 것이었다. 식물 스스로 겨울을 견디게 해 건강한 식물체를 만드는 것이 아니라, 흔히 '온실 안의 화초'라고 하는 것처럼 연약한 식물체를 만드는 셈이었다. 결국 식물체는 점점 연약해져

   3장 자연스러움이 가장 큰 디자인이다

겨울을 견디지 못하거나 이듬해 봄 꽃의 품질이나 볼륨감이 형편없이 떨어지는 상황이 반복될 수밖에 없었다.

식물을 키우는 것은 아이를 키우는 것과 흡사하다. 두 아들을 키우면서 아내와 함께 육아의 가장 큰 원칙을 '몸도 마음도 건강해서 스스로 세상을 살아낼 수 있는 아이로 키우기'로 정하고 너무 과도한 보호는 하지 않으려 노력하고 있다. 과도한 관심과 보호가 만든 연약한 애어른들은 세상을 즐겁게 살 능력을 상실한 듯 보여 안타까웠기 때문이다.

그래서인지 우리 아이들은 넘어져도 웬만하면 울지 않고 스스로 잘 일어난다. 아이가 넘어지면 우리 부부는 담담한데 주변에서 '어이쿠' 난리가 난다. 아내는 어린이집에서 아이들을 하원시킬 때 눈이 오나 비가 오나 밖에서 한 시간 이상 뛰어놀게 해 줬다. 둘째는 세 살 무렵부터 유모차를 타지 않고 형을 따라 놀이터, 집 앞 하천변, 가까운 산을 누비고 다녔다. 추운 날 감기 걱정에 실내에만 지내게 하기보다 감기를 이길 힘을 갖도록 도와주었기에 이렇게 건강히 잘 자라주고 있는 듯하다.

에버랜드 장미도 이렇게 건강한 식물체로 자라도록 도왔어야 하는데 앞선 염려로 더 나약하게 만들어 버린 셈이었다. 부서 내 장미 육종 파트원들도 같은 생각이었다. 하지만 현장에서 오래 생활한 담당자들의 생각은 달랐다. 혹시라도 장미가 얼어 죽으면 누가 책임지냐며 월동 방법 변경을 반대했다. 월동 상태 점검을 위해 비닐을 걷어 냈다. 역시나 장미 상태는 좋지 못했고 심지어 곰팡이까지 피어 있었다. 어떡할지 물으니 손으로 톡톡 털어 내면 된다는 답이 돌아왔다. 더 이상 설득의 문제가 아니라 판단했다. 항상 현장의 의견이 중요하다고 생각해서 끝까지 설득시켜 일을 진행하고 싶었으나 피어오른 곰팡이를 보면서 크게 실망이 되고 화도 났다. 경험은 소중한 자산이지만 때로 일을 그르치거나 발전을 막는 위험 요소가 될 수 있음을 느꼈다. 그럴 리 없겠지만 만에 하나 장미가 죽으면 책임은 당연히 부서장인 내가 지면 되는 것이기에 월동 방법 변경을 지시했다.

섬피를 걷고 비닐과 거대한 구조물을 제거하고 영하 20도 이하의 혹한을 대비한 바람막이 월동 방법으로 변경하는 데 무려 2년의 시간이 걸렸다. 꽃의 상태는 시간이 지날수록 좋아졌고 겨울을 지내고 고사하는 장미는 하나도 나오지 않게 되었다. 변화의 시도를 거부하는 경험치는 오히려 독이 될 수도 있다는 사실에 공감하며 모두가 한 단계 성장하는 계기가 되었다. 나중에 안 사실이지만 우리 사례를 본 장미원 몇 곳에서 월동 방법을 바꾸기까지 했다. 이쯤 되면 우리나라 장미원이 한 단계 성장하는 기회를 마련했다는 자부심을 가져도 되지 않을까?

1976년에 조성된 에버랜드 장미원은 두 차례의 리뉴얼을 거쳤다. 1995년에 지금의 공간 구성을 만든 첫 공사가 진행되었다. 하지만 장미가 장미원의 주인공이 되지는 못했다. 장미와 연관

    3장 자연스러움이 가장 큰 디자인이다

된 방향성을 세우고도 콘셉트와 공간, 장미 식재 사이에 직관적인 연결 고리를 만들지 못했다. 예를 들어 비너스원의 경우 "이곳은 미의 여신 비너스가 주인인 아름다운 장미 정원입니다. 장미가 예쁩니다." 외에 더 설명할 방법이 없었다. 아마도 식물 소재가 장미가 아니어도 어색하지 않았을 것이다. 장미는 그저 봄 한철 화려하면 그만인, 사진 찍는 배경의 역할만 부여받았다. 해마다 다양한 축제가 도입됐지만 장미와의 연결이 어려워 구구절절 설명해야 했고 흥미를 끌지 못했다. 그러다 보니 압도적인 규모로 만들어지는 지자체의 장미원에 점점 밀릴 수밖에 없었다.

2018년 두 번째 리뉴얼을 앞두고 많은 고민을 했다. 큰 비용을 들이지 않으면서 장미가 주인공이 되는 정원으로 방향성을 잡았다. 정원 디자인에서는 아무것도 없는 백지 상태에 정원을 조성하는 것이 가장 쉽고, 기존의 틀을 그대로 유지하며 새로움과 변화를 보여 주는 것이 가장 어렵다. 나는 후자를 선택했고 선배들이 만든 공간의 이야기를 지금의 새로움으로 계승할 방법을 고민하면서 첫 공사가 이뤄진 1995년의 이야기들을 찾아다녔다. 하지만 안타깝게도 그 방향성에 대한 명확한 기록이 남아 있지 않아 상상을 통해 발전시킬 수밖에 없었다.

에버랜드 장미원은 네 가지 콘셉트로 이뤄진 네 공간으로 구성되었다. 비너스원, 미로원, 빅토리아원, 큐피드원 모두 조형물로 주제를 구현하고 있다. 비너스원은 4개의 비너스 동상이, 미로

영하 20도에도 밖에서 뛰어노는 아이들

월동 비닐을 걷어 낸 새로운 월동 방법

3장 자연스러움이 가장 큰 디자인이다

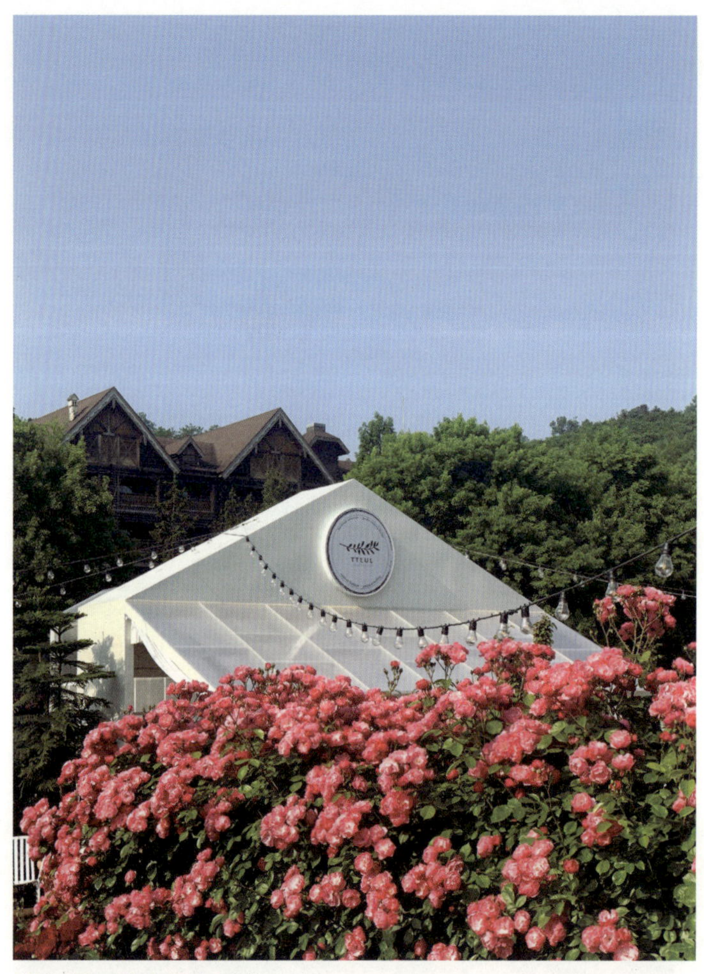

겨울을 지내고 한층 더 건강해진 장미들

원은 미로를 흉내 낸 트렐리스 구조물이, 빅토리아원은 대형 원형 구조물이, 큐피드원은 화살을 잃어버린 큐피드 동상이 각 공간의 성격을 드러내고 배경으로 다양한 장미들이 심겨 있었다. 그리고 장미원 중앙을 가로지르는 40여 주의 대형 칠엽수가 공간을 반으로 나누어 버려서 입구에서 가장 먼 빅토리아원에는 관람객의 발길이 잘 닿지 않았다.

장미원 담당자들과 함께 각각의 공간을 장미가 주인공이 되는 공간으로 조금씩 변화시켜 갔다. 온갖 상상력을 동원해 선배들의 의도를 유추하고 흥미로운 이야기로 장미와 연관 지어가는 과정이 상당히 재미있고 의미 있었다.

아름다운 비너스가 네 군데나 서 있는 비너스원은 '가장 아름다운 장미'가 가득한 정원으로 발전시켰다. 그런데 아름다움이란 몹시도 주관적이니 누구나 수긍할 만한 객관적인 설명이 필요했다. 그래서 세계 곳곳의 장미 콘테스트에서 입상하거나 세계장미협회 명예의 전당에 올라 있는 장미 품종을 도입하여 '가장 아름답다고 세계에서 인정받은 장미가 가득한 비너스원'이라는 주제로 발전시켰다. 비너스는 아름다운 장미를 거들 뿐 전면에 내세우지 않았다.

세계에서 인정받은 아름다운 장미는 그만큼 아름다운 이야기도 가지고 있다. 비너스원 중심에 자리한 피스 장미Rosa 'Madame A. Meilland'가 대표적인 예다. 제2차 세계대전이 한창일 때 프랑스의 육종가 프란시스 메이앙이 개발한 품종이다. 1976년 세계장미협회 명예의 전당에 첫 번째로 등재되어 세계에서 가장 많이 팔린 품종으로 이름이 올라 있다. 당시 메이앙은 어렵게 개발한 아름다운 품종이 전쟁 때문에 사라지게 될까 두려운 마음에 삽목용 가지 여러 개를 유럽과 미국 등지의 육종가 친구들에게 보내 보살피게 했다. 전쟁이 끝난 후 친구들로부터 피스 장미를 돌려받은 메이란드는 승리의 기쁨을 기념하며 영국군 총사령관 앨런 프랜시스 브룩에게 장미의 이름을 헌정하기로 했다. 하지만, 모든 사람에게 평화를 알리고자 하는 앨런 장군의 뜻에 따라 피스Peace로 명명되었다. 1945년 유엔 창설을 위해 미국에 모인 각국 대표에게 "이 장미가 인류의 영원한 평화를 위한 구상에 보탬이 되었으면 한다(We hope the 'Peace' rose will influence men's thoughts for everlasting world peace.)."는 문구와 함께 전해진 꽃으로 유명세를 타기 시작했다. 이렇게 비너스원은 동상보다 세계적인 장미 품종을 주인공으로 이야기가 풍성해지는 정원이 되었다.

미로원은 미로라는 이름과 달리 너무 단순하여 길을 헤맬 리 없는 구조였고, 트렐리스로 장미벽이 세워져 있었다. 애초에 장미와 미로 사이에 어떤 연관성을 염두에 두었는지는 알 수 없으나 장미벽을 위해 만들어진 듯싶었다. 어쨌든 미로라는 공간의 정체성을 장미를 통해 찾아 주고 싶어 생각해 낸 것이 향기였다. 물리적인 구조가 아닌 황홀한 장미향에 취해 길을 잃을 법한 공간, '향기가 가장 아름다운 정원'이란 방향으로 발전시켰다. 장미의 향기는 신이

겨울을 지내고 상태가 급격히 나빠진 장미들

피스 장미

3장 자연스러움이 가장 큰 디자인이다

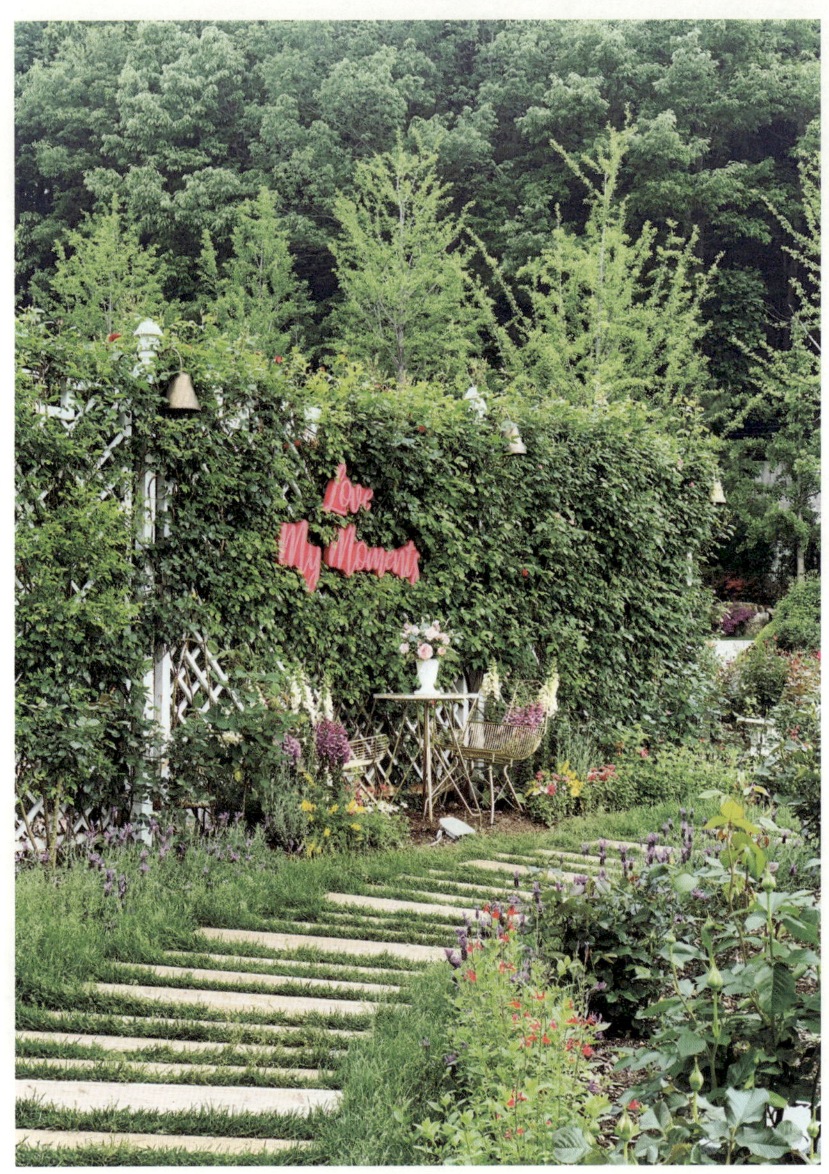

장미와 더 많은 소통을 가능케 한 로즈 워크

주신 축복이라고 할 정도로 널리 사랑을 받으며 여러 제품에 접목된다. 향수나 화장품에 쓰이는 장미향은 다마스쿠스라는 품종을 기초로 만들어졌기에 대체로 비슷비슷한 향기를 가지고 있다. 하지만 장미향은 크게 일곱 가지로 구분될 정도로 향의 스펙트럼이 다양하다. 미로원에는 일곱 종류의 향을 직접 맡을 수 있도록 품종을 교체했다. 향이 오래 머무는 공간 특성으로 많은 분들이 장미향의 진수를 경험하는 곳으로 재탄생했다.

영국의 전성기이자 정원도 문화도 많이 발달한 것이 빅토리아 시대이지만 에버랜드 장미원에 빅토리아원이 있어야 할 이유를 찾는 과정이 무척 어려웠다. 대형 원형 구조물이나 장미와의 연결 고리를 찾아 고민하던 무렵, 장미 육종 담당자가 에버랜드가 개발한 장미 품종을 한곳에 전시했으면 좋겠다는 제안을 했다. 문득 빅토리아 여왕 시대에 열린 만국 박람회가 떠올랐다. 세계 여러 나라의 신기한 물건들을 전시했던 당시처럼 빅토리아원을 각국 대표 장미 육종의 박람회장으로 변화시키기로 했다. 프랑스, 영국, 미국, 독일, 덴마크, 일본, 대한민국까지 7개국의 대표 품종을 각 나라 스타일로 연출하였다. 현대 장미의 시초인 프랑스의 '라 프랑스' 품종부터 영국을 대표하는 데이비드 오스틴의 장미, 그리고 에버랜드 장미까지 각 나라 육종에 대한 노력을 한눈에 볼 수 있게 준비했다.

마지막 큐피드원에는 비너스의 아들이자 사랑의 전령사로 유명한 신화 속 큐피드를 직관적으로 표현하기로 했다. 정열적인

   3장 자연스러움이 가장 큰 디자인이다

사랑을 상징하는 붉은색 계열의 장미, 로맨틱한 분위기를 전하는 분홍빛 장미를 통해 사랑스러운 느낌의 공간으로 조성했다.

중앙에 있던 칠엽수 전부를 더 좋은 곳에 옮겨 심고 그 공간에는 수로를 만들었다. 물과 어우러지는 장미는 국내에서 보기 드물었기 때문이다. 장미의 새로운 아름다움을 보여 주려는 의도는 적중했다. 툭 트인 시야를 확보하게 되면서 가장 멀리 있던 빅토리아원까지도 고객들의 유입 빈도가 높아지는 효과도 있었다.

오랜 시간을 거쳐 마침내 장미가 장미원의 주인공이 되었고, 아름다운 장미를 장미답게 경험할 수 있는 정원으로 변하게 되었다.

장미원을 반으로 잘랐던 칠엽수들

     3장 자연스러움이 가장 큰 디자인이다

칠엽수 대신 물과 어우러지는 장미 화단으로 연출한 중앙

장미는 언제나 옳다

모든 과정이
피어나는 풍경

4 | 장

보이는 것마다

꽃

한 달짜리 이벤트

2017년도부터 한 해 장사의 시작을 알리는 봄 시즌의 첨병인 정원을 연출하고 나면 항상 듣는 소리가 '역대급 정원'이라는 칭찬이었다. 초반에 내가 가고자 하는 방향을 우수한 팀원들이 이해하고 잘 따라 주며 함께 정원을 만들어가니 당연히 결과도 좋게 나올 수밖에 없었을 것이다. 하지만 '역대급'이란 평가가 해마다 쌓이면서 스스로에게 끊임없이 하는 질문이 있었다.

'정말 역대급이라고 생각해? 이게 정원 맞아?'

대한민국 최고의 정원을 만들고 있다는 자부심 한편에는 항상 불안함이 따라왔다. 어쩌면 이것이 최고가 아닐 수도 있다는 의심이었다. 특히 봄 시즌이 끝나면 불안은 극에 달했다. 에버랜드는 해마다 튤립 구근을 네덜란드에서 대량 수입한다. 모두들 100만 구라는 숫자에 대단하다고 했지만 시즌이 끝난 후 어떻게 처리되는

  4장 모든 과정이 피어나는 풍경

에버랜드 포시즌스 가든

해마다 진화를 거듭한 포시즌스 가든

지에는 관심이 없었다. 튤립 구근에 대한 이해와 지식이 없는 사람들로서는 당연할 수도 있겠지만 정원을 연출하는 직원들도 크게 고민하지 않는 듯하니 문제였다. 하지만 막상 현실을 들여다보면 어쩔 수 없는 선택이라는 생각이 들면서 매년 100만 구에 달하는 튤립을 수입하고 봄 축제가 끝나면 모두 폐기하는 악순환을 계속했다.

이렇게 할 수 있는, 아니 해야만 하는 이유는 효율성 때문이었다. 매 계절 새로운 소재로 가장 화려한 꽃이 피어 있는 정원을 보고 싶어 하는 고객들을 만족시키기 위해서 일년초와 다년초는 물론 때로 관목과 교목까지도 일년초처럼 한 번 쓰고 버리면서 정원, 다시 말해 쇼 가든을 연출했다. 시든 꽃을 야간에 뽑아내고 새로 피기 시작한 꽃을 다시 심는 방식이 꽃 축제가 열리는 포시즌스 가든의 관리 형태였다. 우리뿐 아니라 꽃 축제를 개최하는 지자체 대부분이 비슷했다. 튤립 축제 기간동안 서너 번 교체하면서 한 달 반 남짓한 기간을 유지할 수 있었다. 정원에 심어 두고 관리하면 매년 봄마다 꽃을 볼 수 있지만 공간 특성상 봄 시즌이 끝나면 다른 식물 소재를 심어야 하기에 튤립은 뽑혀야만 했다. 그것을 따로 관리하기보다 새로 구입하는 비용이 더 저렴하기 때문에 모든 튤립 구근을 폐기할 수밖에 없었다. 살아 있는 구근을 소모품처럼 여기면서 정원을 연출하는 모습이 참으로 안타깝기만 했다. 그 중심에 내가 있었기 때문에 아름다운 정원이라는 찬사를 들으면서도 한편에 찜찜함이 있었던 것이다.

정원의 주제와 특징 등을 소개할 때 방문객들이 종종 '튤립'에 대해 자세히 묻기 시작하면서 고민이 더욱 깊어졌다. 대부분은 행사 후 튤립 구근은 어떻게 되는지에 대한 것이었다. 보통은 "버릴 거면 저한테 주세요."라며 웃으면서 마무리되지만 날 부끄럽게 만드는 실망의 눈빛도 많이 있었다. 네덜란드 같은 대규모 튤립 재배 및 생산 단지를 만들고 싶지만 엄청난 초기 투자가 필요한 그 꿈이 언제 이루어질지 모를 일이었다. 그보다 해마다 버려지는 튤립 구근 100만 구를 어떻게 해결할지가 먼저였다.

축제가 끝나는 날 방문객들에게 싸게 팔자고 제안하니 이듬해 만약 꽃이 피지 않으면 '큰 기업에서 형편없는 구근을 팔았다'는 불만이 있을 수 있다는 우려가 나왔다. 그럼 무료로 나누어 주면 되지 않을까 하고 다시 제안해 봤는데 '폐기 비용 아끼려고 고객에게 주었다'는 컴플레인이 나올지 모른다는 반대에 부딪쳤다. 참으로 우리나라가 컴플레인 공화국이 아닌가 싶을 정도로 창의적인 문제 제기가 많이 들어온다. 한번은 오래된 나무 한 그루를 이식했는데 '왜 내 허락 없이 나무를 옮겼느냐'며 막무가내로 항의해 온 적도 있었고, 장미 가시에 찔렸으니 장미를 모두 교체해 달라는 경우도 있었다. 노란색 꽃 때문에 피부에 알러지 반응이 있었다는 고객 때문에 파크를 뒤져 노란 꽃이 피는 잡초를 찾아낸 적도 있었다. 버찌 열매가 떨어져 옷을 버렸으니 물어내라는 요구는 애교(?) 수준이었다. 그러니 고객들의 컴플레인이 무서울 수밖에 없는 것은 이해가

에버랜드 튤립 축제

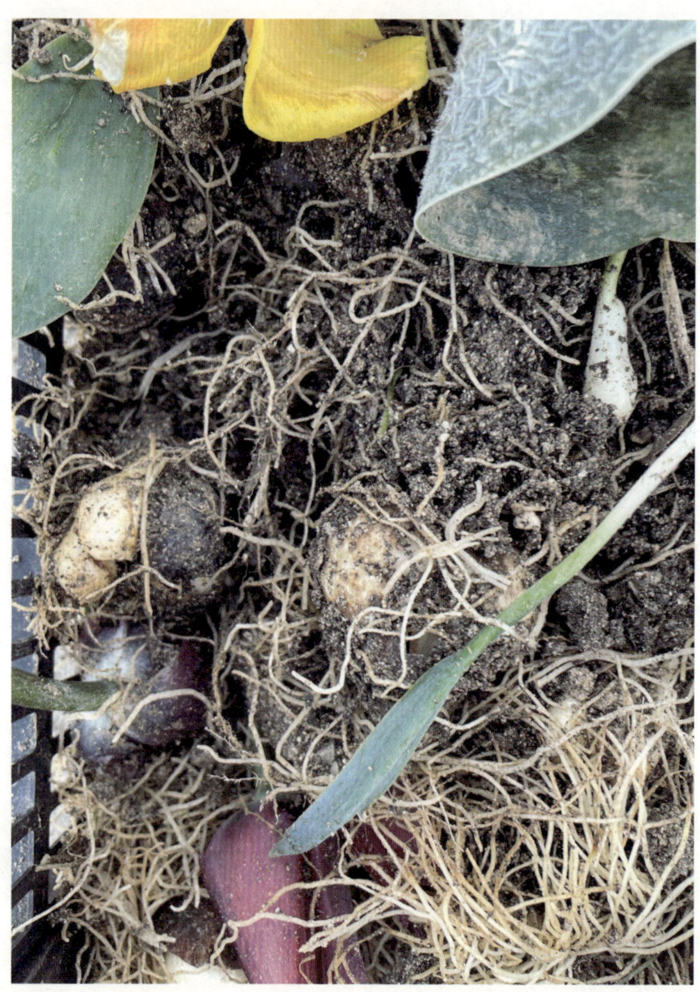

버려지는 튤립 구근들

되었지만 그나마 할 수 있는 구근 활용법을 시도조차 하지 못한다
는 것이 안타까울 뿐이었다.

튤립은 우리가 생각하는 것보다 훨씬 더 많은 이야기를
가지고 있는 식물이다. 흔히 네덜란드의 상징으로 알고 있는 튤립은
사실 중앙아시아 지역이 원산지로 카자흐스탄에서부터 기르기 시
작했다고 한다. 오스만 제국이 세력을 넓히는 과정에서 유럽으로 퍼
지게 되었고 그러면서 튤립 문화가 일찍이 꽃피기 시작한 튀르키예
가 자신들이 종주국이라고 말하고 있다. 어원에서도 터번Turban처
럼 생긴 모양 때문에 튤립이라 불리게 되었다고 한다. 튀르키예 전
통 도자기에 그려진 튤립만 보아도 그들이 튤립을 얼마나 사랑했는
지 알 수 있을 것 같다.

물론 네덜란드의 튤립 사랑은 이보다 더 깊어서 최초의
거품 경제 현장인 '튤립 파동Tulip mania'이 일어나기도 했다. 황금시
대를 맞이하던 네덜란드에 새로운 꽃, 튤립이 소개되고 귀족들을 중
심으로 독점적으로 유통되다 보니 튤립 구근 값이 높게 책정되었다.
꽃에 대한 연구가 활발하지 않았던 시대이기 때문에 튤립이 어떤 특
성을 가지고 있는지 정확히 알지 못했고, 3년을 주기로 성장과 쇠퇴
를 한다는 사실이 알려지지 않았기 때문에 희소성이 더욱 강해져 거
품이 만들어지기 시작했다.

17세기에는 구근 하나의 가격이 무려 집 한 채 가격이 되
었다고 한다. 그 대표적인 품종이 바이러스에 의한 변종인 셈페르

　　　　　　　　4장 모든 과정이 피어나는 풍경

아우구스투스인데 현재 멸종되어서 그림으로만 확인이 가능하다. 이렇게 가격이 올라가기 시작하면서 일확천금을 얻으려는 사람들로 튤립 시장에 극도의 혼란이 찾아오게 된다. 본래 목적으로 튤립을 구매하고자 하는 식물 애호가는 튤립을 구매하지 않고 상인뿐 아니라 농민, 빵 굽는 사람 등 일반인들까지 튤립 시장에 뛰어들었다. 심지어 꽃이 피지 않은 구근을 미리 매매한다는 계약을 사고파는 선물 거래까지 등장하였다. 이를 통해 자본이 없는 투기꾼들도 시장에 뛰어들고 결국은 폭락하면서 거품이 꺼지게 되었다. 튤립 구근을 팔아 사랑의 도피를 떠나려던 커플이 구근을 양파로 착각하고 먹은 친구 때문에 모든 계획을 포기했다는 사연은 영화 줄거리가 되었다. 또 튤립 구근을 양파로 착각해 먹은 사건에서 판사가 '튤립은 튤립일 뿐이다'라며 양파 값만 물어내게 하는 판결을 내렸고 이 소문이 퍼지면서 버블이 꺼지기 시작했다는 이야기도 있다.

식물에 대해 제대로 알지 못하는 무지와 인간의 탐욕이 가져온 헤프닝이었지만 결국 이러한 버블 현상은 네덜란드가 유럽의 경제 패권을 영국으로 넘겨주는 빌미를 제공했다. 네덜란드 역사에서 가장 드라마틱한 장면으로 꼽힌다. 혹자는 네덜란드 쇠락의 직접적인 원인으로 꼽고 있지만 사실은 여러 요인 중 하나였다는 설이 유력하다.

이렇게 풍부한 경제 이야기, 역사와 문화를 품고 있는 튤립을 한 달짜리 이벤트로 소비하는 것은 여러모로 고민해야 할 문

네덜란드 튤립 축제

네덜란드 튤립 문화

네덜란드 튤립 마켓

4장 모든 과정이 피어나는 풍경

제였다. 하긴 수년간 함께 튤립 축제를 만들어 온 직원들도 원산지를 네덜란드로 알고 있을 정도였으니 고민이 더 깊어질 수밖에 없었다.

2020년 정원 연출 주제를 "보이는 것마다 꽃"이라는 다소 두리뭉실한 문장으로 만들었다. 공간도, 예산도 한계가 있는 상황에서 더 많은 즐거움을 주기 위해서 다양한 시도를 하고자 했다. 튤립이 지고 나서도 튤립이 보이는, 튤립의 흔적과 내년 튤립에 대한 기대가 보일 수 있도록. 한 달짜리 이벤트가 아닌 여기저기, 파크 내 정원뿐 아니라 우리 집에서도 꽃이 보일 수 있는 정원의 물리적, 개념적 확장을 위한 노력을 하자는 의미였다.

가장 먼저 너무도 풍성한 이야기를 담고 있는 튤립이 정원에서 지속적으로 성장과 쇠퇴를 거듭하면서 함께 살아갈 수 있도록 연출하고자 했다. 튤립은 약 삼 년의 사이클을 두고 성장과 쇠퇴를 반복한다. 가장 꽃이 화려하게 피는 시기를 지나면 다음 해에는 꽃도 작아지고 피지 않기도 해서 퇴화되어 보인다. 하지만 삼 년이 지나고 나면 다시 한번 화려한 꽃을 피운다. 다시 말하면 이삼 년의 기다림이 있어야 풍성한 튤립을 볼 수 있게 되는 것이다. 이러한 이유 때문에 해마다 걷어 내고 새로 심는 것이었다. 하지만 조금 다르게 생각해 보면 삼 년에 걸쳐 매년 같은 장소에 심어 주면 봄마다 화려한 튤립이 올라오는 것이다. 삼 년이라는 시간만 투자할 수 있다면 말이다. 그래서 그 시간을 투자할 장소를 찾았다.

매화원의 튤립들

매화원 수선화들

4장 모든 과정이 피어나는 풍경

새롭게 조성된 매화원은 상품력에 대해서 끊임없이 의문이 제기되고 있던 장소였다. 매화가 피는 3주 이외에는 볼거리가 없다는 의견이 많았다. 상품력 강화를 위해서 이른 봄 핀 매화가 지고 난 후 수선화와 튤립 등의 구근이 자연스럽게 피어나면 봄의 깊이를 더할 수 있지 않을까 생각하였다. 아직까지 크게 주목받지 못하는 곳이었기 때문에 몇 년을 투자해 볼 수 있을 듯했다. 튤립 축제를 마치고 난 후 튤립 구근을 삼 년에 걸쳐 꾸준히 매화원 곳곳에 심었다. 덕분에 지금은 이른 봄 단아한 매화가 질 무렵 화려한 튤립과 수선화가 정상으로 향하는 길목마다 화려한 봄의 정취를 느낄 수 있게 해 준다.

매년 방문하는 손님들에게 '여기 구근들은 폐기될 아이들이었지만 새롭게 성장하면서 이 공간의 주인이 되고 있다'고 이야기하면서 가치를 더해 갔다. 포시즌스 가든이 튤립이 가진 화려함의 극치를 보여 준다면, 매화원은 튤립의 자연스러운 아름다움을 드러내는 공간으로 변화되어 갔다.

영국을 대표하는 시인 윌리엄 워즈워스가 발표한 '수선화'라는 시를 유학 당시 접했는데 거기 담긴 느낌을 정갈한 정원에서는 확인할 수 없었다. 워즈워스가 거주했던 레이크 디스트릭트에서 자연스럽게 피어난 수선화를 보고 나서야 낭만주의 시인의 감성을 느낄 수 있었다. 와닿지 않던 "수선화와 함께 춤을 추네"라는 구절이 이른 봄 어두운 하늘 아래 산골짜기에서 바람에 흔들리는 꽃을 보며 비로소 이해되었다. 자연과 교감하며 평화와 자유를 얻은 시인의 마음에 한 발짝 더 다가갈 수 있었던 것이다. 매화원에서 나무 아래, 길 모퉁이에 자연스럽게 심겨진 튤립과 수선화를 보다 보면 워즈워스의 낭만을 느낄 수 있을 것이다. 세월이 자연 속에 길러낸 평화와 치유, 자유의 감성을 말이다.

> 골짜기와 언덕 높이 떠도는
> 구름처럼 나는 외롭게 거닐었네
> 돌연, 나는 한 무더기의,
> 무수한 황금빛 수선화를 보았네
> 호수 옆에서, 나무들 아래에서
> 산들바람 속에서 흔들리며 춤추고 있었네
>
> -윌리엄 워즈워스의 '수선화'에서-

이렇게 연출된 튤립들은 방문하는 고객들에게 새로운 볼거리가 되어 색다른 기억을 만들어 주었다. 고객들을 안내하다 보니 자연스럽게 심겨진 튤립을 더 선호하는 분들도 많았다. 압도적인 튤립 경관은 아니었지만 마치 고요한 '태풍의 눈'처럼 소박한 자연이 강렬한 인상을 주는 모양이었다. 어쨌든 구근의 재활용은 성공적이었다. 이제 에버랜드에서는 튤립이란 소재를 가장 화려하게, 또 가장 소박하게 즐길 수 있게 되었다.

영국 레이크 디스트릭트의 수선화

하지만 이렇게 새 공간에 새 이야기를 만들어 가는 것도 한계가 있었다. 100만 구에 달하는 양은 너무 많아서 공간과 비용에 한계가 있었다. 그래서 몇몇 정원 활동가들에게 나눔을 했다. 우선 튤립을 잘 키울 수 있는 지인들 위주로 전달해 이듬해 피어난 꽃을 즐길 수 있도록 했다. 그야말로 '보이는 것마다 꽃', 에버랜드에서 키우고 활용했던 꽃이 생명을 가지고 전국으로 뻗어 나가 보이는 것마다 에버랜드 튤립을 꿈꾸게 된 것이다. 2020년도 에버랜드 튤립 축제를 다녀간 정원 활동가들이 그 아름다운 추억을 자신의 정원에 들여놓음으로써 축제가 다음 해에도, 그 다음 해에도 지속되는 셈이었다. 많은 인원과 나누지는 못했지만 정성껏 가꾸어 이듬해 꽃을 피웠다는 연락이 오기도 했다. 에버랜드의 봄을 화려하게 장식했던 구근들이 전국 각지에서 새로운 생명으로 성장하고 있는 그림은 상상만 해도 벅차오른다.

구석구석 걷고 싶은 정원

에버랜드에는 숨겨진 명소들이 많이 있다. 창업주가 특별히 나무에 관심이 많으셨다고 한다. 좋아하는 나무들을 일본에서 수입해 용인 에버랜드와 주변 야산에 많이 심으셨다. 당시 일본 조림 전문가들이 용인 일대의 척박한 환경에서 숲을 가꾸는 것은 불가능하다 비웃었을 때 창업주는 전쟁 후 가난했던 우리나라가 다시 일어설 수 있다는 것을 조림 사업을 통해 보여 주고자 하였다. 그로부터 거의 반세기가 흘렀고 일본 전문가의 예측은 틀렸다. 용인 에버랜드 일대는 강원도를 떠올릴 수 있을 만큼 울창한 숲이 되었다. 사람들의 손길이 닿지 않은 긴 세월에, 과거 10여 년간 진행된 숲 가꾸기로 인해 다양한 생태계가 만들어지고 있다.

현재 에버랜드 안에도 오래된 나무들이 많이 있다. 다만 자연농원에서 에버랜드로 변화하면서 방향성이 바뀌었기 때문에 식물은 관심 밖으로 멀어졌다. 관리에도 그다지 공을 들이지 않았기 때문에 어떤 나무가 어디에 심겼는지 파악하는 것이 쉽지 않다. 테마파크 곳곳을 돌아보면 가치 있는 나무가 많이 있는데 별로 관심을 받지 못하고 있다. 이러한 나무들이 관심을 받을 수 있도록 여러 차례 노력을 했지만 번번히 실패하고 말았다.

2017년도에 가치가 높은 나무 10그루를 선정해 '에버랜드 헤리티지 트리 프로젝트'를 진행하려고 준비했었다. 우리나라에서는 보기 드문 300살 위성류부터 350살 느티나무, 100살 산수유나무, 60살 아그배나무 등을 선정했고 흥미 요소를 만들어 주기 위해서 각 나무마다 이야기를 개발하려 했다. 드라마 작가의 자문을 통해 역병에 걸린 아들을 고치기 위해서 위성류가 되어 자신의 껍질을 달여 먹인 엄마 이야기, 아름다운 화음으로 세상 사람들을 하나

에버랜드 주변의 숲

4장 모든 과정이 피어나는 풍경

에버랜드 주변의 트레킹 코스

로 만든 느티나무 이야기, 병든 아버지를 위해 험한 숲길을 해쳐 산수유를 찾아온 소녀 이야기, 태풍으로 망가진 숲을 살려 준 생명의 나무인 아그배나무 등의 창작 서사를 통해서 나무의 가치를 쉽고 재미있게 고객들에게 전달하는 계획이었다. 안타깝게도 내부적으로 호응을 얻지 못해 프로젝트 자체가 진행되지 않았다.

또한 가치 있는 식물 자산을 활용하기 위해 파크 전체를 한 바퀴 도는 산책로를 만들어 나무를 경험할 수 있도록 하는 기획도 추진했다. 하지만 몇 가지 문제에 부딪쳐 고전할 수밖에 없었다. 첫째로 테마파크는 몹시 바쁘고 피곤한 곳이니 한가롭게 산책하고자 하는 사람들이 없으리라는 의견이 많았다. 투자를 하면 이윤을 내기 위해 노력하는 것이 기업인데, 에버랜드에서도 투자를 해서 시설을 만들면 이용객이 얼마나 오느냐가 투자 성공의 척도가 된다. 휴식과 산책을 위한 공간에 기꺼이 돈을 지불하고 방문할 고객은 없을 듯했다. 놀이기구를 타는 사이에 잠시 쉬는, 이용객 편의를 위한 공간이지 자체로 사람을 끌어모으는 목적 공간이 되기는 쉽지 않아 보였다. 즉, 테마파크 이용 행태와 어울리지 않기에 비용을 들여 추진하기에는 효율이 없다는 것이었다. 초점이 헤리티지 나무가 아닌 산책에 있었기에 나온 결과였다.

두 번째로는 국토의 70% 이상이 산이고 지자체가 많은 예산을 들여 훌륭한 트레킹 코스를 많이 만들어 놓았고 심지어 무료로 이용할 수 있는데 누가 비싼 입장료를 내고 산책하러 오겠나

     4장 모든 과정이 피어나는 풍경

는 생각이었다. 게다가 '한적한 산책로는 숨어서 나쁜 짓 하기에 좋아서 비행의 온상이 될 수 있다'는 의견도 있었다.

어느 것 하나 풀기 쉽지 않았다. 식물은 배경일 뿐이지 전면에 내세울 콘텐츠가 아니었기 때문에 예산을 사용하면서도 칭찬받기 어려웠다. 때문에 새 공간을 만드는 일은 예산 확보도 쉽지 않아 '숲속 산책로'를 만드는 데 최소한의 예산만 배정되었다.

구색만 맞출 정도로 '숲속 산책로'가 오픈했고 '발견하는 즐거움'이라는 목표로 구석구석 볼거리 즐길거리를 만들었다. 먼저 감춰져 있던 수목들을 발굴했는데 입구 지역에 아젤리아 군락지를 발견해서 꽃이 잘 필 수 있도록 간벌[나무들이 적당한 간격을 유지하여 잘 자라도록 불필요한 나무를 솎아 베어 냄-표준국어대사전]과 전정을 통해서 아젤리아 터널을 조성하였고 연결되는 동선에 진달래를 식재하여 진입부의 경관을 정리했다. 나름 가장 로맨틱한 산책로라는 정체성도 부여했다. 남부 지방에 자생하는 태산목이 드물게 군락을 이루고 있었다. 추위에 약하다고 알려진 태산목이 용인 지역에 이렇게 자리잡은 사실이 기특하기도 신기하기도 했다. 창업주가 심은 것으로 추측되었지만 남은 문헌이 없어 확인이 불가능했다.

어쨌든 이 군락지까지 산책로로 연결하고 주변에 블루벨 구근을 심으려 했다. 하지만 블루벨이 산속 곳곳에 핀 경관은 연출할 수 없었다. 기후가 맞지 않았기 때문이다. 이런저런 노력에도 숲속 산책로와 파크 내 식물 자산을 연결하는 작업은 결과적으로 실패하고 말았다. 결정적으로 코로나19가 창궐하면서 운영이 중단되고 말았다. 가끔 숲속 산책로를 찾아가면 당시 심은 야생화들이 곳곳에 살아 있다. '발견하는 즐거움'이 있는 공간으로 스스로 성장하고 있는 듯했다.

파크 안에도 지속적으로 식물 콘텐츠를 만들었다. 뮤직 가든이나 수국을 주제로 한 정원도 조성했다. 목수국길, 등나무길, 벚나무길, 심지어 분재원도 있다. 문제는 고객들이 이 존재를 잘 모른다는 사실이다. 실패로 끝난 듯 보인다. 하지만 식물이 수년 동안 그곳에서 성장하고 있기에 언젠가는 잠재력을 발휘해서 사람들의 기억 속에 남게 될 것이다.

수년간 제대로 된 성공 사례를 만들지 못하고 번번히 실패를 맛보았지만 2020년 주제 '보이는 것마다 꽃'을 위해서 무엇을 할 수 있을까 다시 한번 고민했다. 보이는 것 모두를 꽃으로 만들기 위해서는 압도적인 스케일이 필요했다. 제한된 공간에서 어떻게 이를 만들 수 있을까가 첫 과제였다.

에버랜드의 꽃 축제를 진행하는 포시즌스 가든은 자연농원 시절 전시형 잔디밭으로 시작해서 꽃 축제를 진행하면서 전시형 화단으로, 다음으로는 관람형 화단, 그리고 테마형 정원으로 진화해 왔다. 나아가 단순한 꽃 전시에 머무르지 않고 식물과 사람과의 다양한 소통을 통해 즐거움을 극대화하는 정원으로 진화하기를 바랐다. 이름하여 '퍼포먼스 정원'이다. 멈춰 서서 꽃을 바라보고, 꽃의

　　　　　　　　　4장 모든 과정이 피어나는 풍경

에버랜드 숲속 산책로

숲속 산책로 아젤리아 터널

숲속 산책로의 야생화

　　　　4장 모든 과정이 피어나는 풍경

이야기를 듣고 느끼는 생동감 있는 정원. 이를 위해 고민하던 중 대표님께서 점검차 오셨다는 연락을 받고 현장에 나갔다. 대표님께서 대뜸 정원 무대 앞의 분수 시설이 어떠냐고 물으셨다. 공연에 가끔 사용하고는 있으나 노후되어 유지 관리 비용이 많이 들고 공연에 아주 필수적인 요소는 아니라고 누군가 대답을 했다. '그러면 다른 용도를 검토하면 어떻겠느냐', 아울러 '화단을 넓히면 좋겠다'는 의견도 주셨다.

이때부터 머리가 복잡해졌다. 풀어야 할 숙제가 많았다. 넓어진 면적만큼 정원 연출과 유지 관리에 몇 배는 더 공을 들여야 하기 때문이다. 다양한 방안을 수차례 검토한 후 정원 확장으로 결론이 났다. 코로나19 상황에서 가능할지 고민되었지만 이미 공사가 시작되었고 식물 소재 발주도 나간 후라 꾸역꾸역 진행되었다. 팬데믹 여파로 인해 모든 예산이 절감 또는 삭감되었지만 맨땅을 그대로 노출시킬 수 없는 테마파크 특성상 정원은 상대적으로 적은 예산으로 최대의 효과를 볼 수 있는 아이템이었다. 때문에 어려운 시기에 식물 자원들은 효자 노릇을 할 수 있었다. 우연찮기는 했지만 "보이는 것마다 꽃"이라는 콘셉트가 넓어진 화단에 적용된다면 고객들 반응은 좋을 것으로 예상이 되었다.

새로운 봄, 정원 확장이 마무리되었다. 정원은 약 600평 정도 넓어졌지만 식물 소재는 넉넉하게 늘릴 수 없었다. 제한된 소재를 가지고 최대한의 효과, 보이는 곳마다 꽃이 보이게 하기 위한 방법을 고민하면서 두 가지 원칙을 세웠다. 첫째, 선택과 집중을 통해 정원에 강약과 식재별 레이어를 주면서 겹치는 방법으로서, 적은 소재로 최대한의 시각적 효과를 내는 연출이었다. 봄의 주요 소재인 튤립을 다른 초화와 교차 식재하여 튤립이 상대적으로 많아 보이는 방법을 정원 곳곳에 사용하였다. 식재 패턴도 단일 색상이 아니라 여러 색깔을 섞어서 식재하여 더 풍성하고 다양하게 공간을 느낄 수 있도록 연출했다.

두 번째 원칙은 우리나라 정원 조성 기법 중 하나인 '시각적 확장을 통해 물리적 공간의 확장을 꾀하는 방법'이었다. 기존 포시즌스 가든에서 볼 수 없었던 뷰 포인트를 여러 군데 만들면서 시각이 머무는 곳마다 화려하게 심은 봄꽃을 볼 수 있도록 동선을 연출했다. 새롭게 확장된 정원은 고객이 출입할 수 없는 곳이지만 자연스러운 동선을 만들어 기존에 볼 수 없던 곳을 바라볼 수 있도록 계획하였다. 에버랜드 앞산에 벚나무 3만 여 그루가 봄마다 이루는 장관을 즐길 수 있는 포인트가 없었는데 이제는 정원에서부터 파노라마로 펼쳐지는 아름다운 벚꽃 경관을 만끽하게 되었다. 빈백을 배치하여 여유롭게 누워서 정원의 튤립, 봄꽃과 더불어 압도적인 벚꽃을 즐길 수 있게 했고 고객 만족도는 몹시 높아졌다.

우리나라 인구 구조가 급격히 변하고 있다는 뉴스가 2020년 무렵부터 많이 나오기 시작했다. 여러 연구를 통해 '액티브 시니어Active Senior'라는 신조어도 만들어졌다. 이른바 뒷방으로 물

파노라믹 경관을 볼 수 있는 새로운 뷰 포인트

4장 모든 과정이 피어나는 풍경

러나 대접만 받으려고 하는 것이 아닌 건강하게 삶을 즐기고 주도적으로 노년을 살아가는, 아니 살아가야 하는 시대가 되고 있다고 한다. 이 시니어층의 관심을 받고 있는 존재가 바로 식물이다.

원래 식물 하면 할아버지, 할머니가 취미로 기른다는 인식도 있었으나 사회 변화 속에 식물이 더욱 전면으로 나설 기회가 생긴 것이다. 파크 곳곳에 꽃을 심고 가치 있는 식물 자원을 연결하여 사람들을 불러 모을 때가 곧 오리라는 확신이 있었다. 하지만 아무도 경험하지 못했고 아직 성공 모델이 없는 미지의 영역이기에, 심증은 있으나 물증이 없는 재판처럼 판단하기 쉽지 않았다.

시대의 변화는 생각보다 급하게 이루어진다. 팬데믹을 겪으며 수십 년을 단번에 뛰어넘는 진보를 이루었듯이. 갑작스러운 변화에 제대로 반응하기 위해서는 원칙을 세워 조금씩이라도 내공을 쌓고 있어야 한다. 하지만 아직도 정원을 만들겠다고 할 때마다 자극적인 즐거움을 추구하는 테마파크에 어울리지 않는 공간이라는 비판이 항상 따라다닌다. 반은 맞고 반은 틀린 말이라 생각했다. 많은 사람들이 놀이기구를 타기 위해서 바쁘게 뛰어다니는 곳이 테마파크다. 여기저기 심겨져 있는 꽃과 나무까지 보기에는 하루라는 시간이 너무 짧아 보였다. 그런데 뛰는 사람들 뒤로 힘들어하는 부모들의, 시니어들의 얼굴이 교차한다. 아이들을 위해 하루 놀러 오지만 다시 오고자 하면 피곤함에 꺼려지는 공간이 테마파크였다. 자극과 편안함의 균형이 이루어진다면 고객들의 재방문이 더 많아질

넓어진 포시즌스 가든

     4장 모든 과정이 피어나는 풍경

수 있지 않을까? 이러한 균형을 이루게 해 주는 것이 정원의 역할이 아닐까? 피곤하게 돌아다니다가 보이는 것이 꽃이라면 사람들은 어떤 느낌으로 하루를 기억하게 될까? 이미 수십 년간 파크에서 자라고 있던 가치 있는 나무들을 어떻게 하면 사람들이 찾아오게 될까? 아직도 끊임없이 질문을 던지고 답을 찾고 있는 문제다.

지속 가능한 정원

영국에서 공부하면서 인상 깊었던 정원이 참 많았는데 그중 생각의 전환을 가져온 곳이 베스 차토 정원이었다. 베스 차토 Beth Chatto는 생물학자 출신으로 정식으로 정원을 공부하지 않았지만 60년 넘게 본인만의 정원 철학으로 아름다운 정원을 만들며 세계적인 정원사가 되었다. 영국에서 자주 그분의 정원을 방문하곤 했는데 구순을 넘긴 나이에도 직접 정원을 살피거나 거실에서 윔블던 테니스 대회를 보고 있는 모습을 발견할 수 있었다. 지금은 돌아가셨지만 정원계에 큰 화두를 던진 분이다. 'Right plant, right place (모든 장소에는 딱 맞는 식물이 있다)'라는 지극히 원론적인 내용이었다. 베스 차토는 자신의 핸드북에서 "식물과 함께하면서 우리의 성급함 때문에 많은 식물들을 잃어버린다. 그 이유는 적절한 성장 환경이 조성되어 있지 않기 때문이다."라고 이야기했다.

베스 차토 정원

베스 차토 정원의 드라이 가든

정원 만들기에 실패하는 데는 여러 이유가 있을 수 있다. 대표적인 요인은 정원 대상지의 환경에 맞지 않은 식물 소재를 도입하거나, 정원의 성장을 기다리지 못하는 조급함에 있다. 즉, 지속 가능한 정원을 위해서는 가장 먼저 올바른 환경을 만들고, 그 환경에 맞는 올바른 식물 소재를 도입해야 하며, 식물이 성장하는 과정을 기다릴 수 있는 여유가 필요하다는 것이다.

베스 차토의 유명한 일화가 있다. 그녀의 대표작인 드라이 가든Dry garden이 100년 전통의 챌시 플라워 쇼에 출품되어 뜨거운 관심과 훌륭한 평가를 받게 되었고 특유의 정원 철학이 세상에 알려져 하나의 트렌드로 자리 잡는 계기가 되었는데, 당시 챌시 플라워 쇼를 찾은 한 백만장자가 차토의 정원을 자기 정원에 그대로 옮겨줄 것을 요청하면서 어마어마한 금액을 제시했다고 한다. 그런데 베스 차토는 정원을 팔지 않았다. 백만장자의 정원이 해당 식물 소재에 적합한 환경이 아니었다는 이유에서였다. 또한 이러한 정원이 만들어지려면 오랜 기다림이 필요한데 거대한 돈에는 분명 조급함이 같이 오갈 것이고 그러다 보면 정원은 실패하리라 생각한 것이었다. 참 멋있는 모습이지 않은가? 많은 돈보다 위대한 신념과 철학의 힘을 보는 듯했다. 그녀가 만든 드라이 가든은 조성하고 나서 한 번도 물을 주지 않는 정원으로 유명하다. 비가 많이 오는 지역도 아니라서 적합한 식물 소재를 찾기 위해 남편과 함께 무수히 많은 시간을 기다리며 지냈다고 한다.

"정원은 몇 번 안 되는 성공을 위해서 무수히 많은 실패를 하는 내 인생과 같다." 어느 강의에서 마지막으로 내가 했던 말이다. 강의가 끝나고 정원사 중에 한 분이 크게 공감이 가는 말이라며 눈물을 글썽거리시는 것을 보면서 많은 생각을 했다. 정원에서 기다린 무수한 시간을 생각하며 흘린 눈물이라 하셨다. 주변 사람들이 실패로 보던 순간들조차 결국 아름다운 정원을 만들기 위한 기다림이었다는 말이 그 마음에 와닿았으리라 생각했다. 베스 차토도 마찬가지였을 것이다. 거대한 정원에 가장 적합한 식물을 찾기 위해 기다리고 또 기다리며, '실패다', '아름답지 않은 정원이다' 하는 비판의 목소리를 견디면서 마침내 그 성품처럼 심지 굳고 단단하고 건강한 정원을 만들어 내지 않았을까? 실패였지만 실패가 아닌 기다림이 있다. 여기에 내 인생도 실패의 순간이 실패가 아닌 기다림과 성장의 순간이었다는 사실이 묘하게 오버랩되었다. 정원에서 만나는 모든 실패의 순간들도 꽃처럼 아름답게 만들어야지 다짐했다.

실제로 정원은 모든 과정이 아름답다. 봄의 새싹이 돋아나기 전 거무튀튀한 건강한 퇴비로 메꾼 빈 땅부터, 꽃이 피고 벌과 나비가 찾아드는 시기, 데드헤드라 불리는 시든 꽃들, 붉게 물든 단풍이며 봄을 준비하는 마른 가지까지 아름답지 않은 순간은 없다. 하지만 에버랜드 정원을 들여다보면 과정의 아름다움보다는 결과의 아름다움을 보여 주기 위해 연출된다. 꽃이 화려하지 않은 정원은 실패라고 평가되기 일쑤였다. 겉으로 화려하지 않은 순환 과정을

베스 차토 정원의 봄

베스 차토 정원의 겨울

          4장 모든 과정이 피어나는 풍경

실패로 간주하는 인식이 바뀌지 않는다면 '순환'과 '과정'이 기본인 지속 가능한 정원을 만드는 것은 불가능할 것이다.

에버랜드 포시즌스 가든을 연출하면서 고민을 지속했다. 화려함과 지속 가능함 사이의 상충된 인식을 개선하기 위해서 어떻게 해야 할까? 식물이 일 년동안 성장하는 모든 과정이 아름답다는 사실을 전할 수 있는 방법이 무엇일까? 정원에서의 기다림이 실패가 아님을 어떻게 설명할 수 있을까? 강의 때마다 데드헤드를 보여주며 그 아름다움에 공감하기를 요구하는 것도, 정원을 방문하는 사람들에게 설명하는 것도 한계가 있었다. 화려함을 내려놓은 정원에서 기다리지 못하는 사람들을 안심시킬 방법도 없어 보였다.

이러한 고민을 해결해 준 것이 아이러니하게도 팬데믹이었다. 모두가 어려웠던 시기였기 때문에 정원 운영을 최소한의 비용으로 진행해야 했기 때문에 정말로 버틸 수밖에 없었다. 그렇게 2020년 에버랜드 정원은 그동안 하지 못한 방법들을 시도할 수 있게 되었다. 지속 가능한 정원 자체를 애써 표방하지 않아도 상황 때문에 시도할 수밖에 없었다. 가장 중요한 포인트가 꽃이 시들어도 버티면서 다음 과정을 기다리는 것이었다.

여름이 되기 전 심은 식물들이 가을까지 정원에 남아 있게 되고, 진 꽃을 정리해서 새로 꽃이 필 때까지 기다리고, 비어 있는 땅에 우드칩을 깔아 새싹이 올라올 때까지 빈 공간으로 기다리게 했다. 돌이켜 보면 그 당시 스태프들에게 가장 많이 했던 말이 "버티자"였다. 정원 관리가 제대로 되지 않고 있다는 고객들의 불만도 있었다. 아무리 어려운 시기이지만 놀러 온 입장에서는 불편해 보였나 보다. 하지만 사람들의 염려만큼 보기 흉한 정원이 아니라 오히려 생동감 있고 살아 있는, 그래서 지속 가능한 정원을 보여 줄 수 있게 되었다.

영국에서 공부하는 동안 럭비를 즐겨 봤다. 사실 럭비라는 운동에 대해 잘 알지 못했지만 몇 경기 보고 난 후 완전히 매료되었다. 럭비에는 몇 가지 중요한 규칙이 있는데 한 사람만 잘해서는 이길 수 없다. 완벽한 팀워크, 완벽한 협동을 필요로 한다. 예를 들어 손으로 하는 패스는 뒷사람에게만 할 수 있다. 나는 열심히 달려 나가고 힘이 다하거나 앞에 수비수가 나타나면 나를 따라오고 있는 선수에게 공을 넘겨준다. 앞질러 가는 선수에게 공을 패스한다면 주심은 가차없이 휘슬을 분다. 또 다른 예로, 모든 선수들이 둥그렇게 어깨를 맞대고 공을 차지하기 위해 경쟁하는 행동이 있는데 스크럼을 짠다고 한다. 스크럼을 짜서 앞으로 전진하기 위해서는 모든 선수들이 힘의 균형을 잘 맞추고 전진해야 하며 반대로 상대편에서는 힘의 균형을 무너뜨리며 공을 차지하기 위해 경쟁한다. 힘의 균형이 잘 이루어지면 공격 쪽에서는 쉽게 전진이 이루어져 득점에 성공하게 된다.

이러한 모습이 묘하게 지속 가능한 정원과 닮았다. 정원에서 식물은 자신이 가장 아름다운 모습을 만들기 위해 시간 속을

늦은 봄부터 늦가을까지 무럭무럭 자란 코레우스

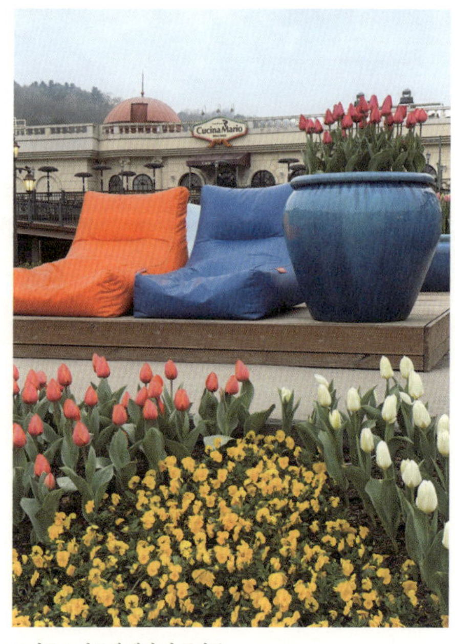

포시즌스 가든에 생긴 빈 공간들

질주한다. 럭비 선수가 공을 안고 경기장을 달려가는 것처럼 말이다. 그리고 꽃이 지고 나면 아무 미련 없이 다음에 피어나는 꽃들에게 자리를 양보한다. 뒤따라오는 선수에게 공을 패스하여 자신의 역할을 넘겨주는 럭비선수들처럼 말이다. 또한 정원 안에 있는 식물들은 공간에 맞게 완전한 균형을 이루어야 전진할 수 있다. 균형이 깨어진다면 정원의 아름다움은 바로 무너져서 지속될 수 없는 것이다. 무너진 스크럼처럼 말이다.

에버랜드에서 정원을 만들면서 나는 지금까지 타임아웃을 교묘하게 외치며 앞으로 전진했던 것 같다. 반칙인 듯 반칙이 아닌 정당해 보이는 전략으로 말이다. 꽃이 절정을 이루면 타임아웃을 외치고 그 자리에 선수 교체를 해서 싱싱하게 앞으로 전진한다. 가장 화려하게 보이는 정원을 일 년 내내 만들어 내는 것이 쇼 가든의 역할이었기에 충실히 임무를 수행했다고 볼 수 있을 것이다. 하지만 정원을 보다 정원답게 만들면서도 쇼 가든을 만들 수 있음을 보여주고 싶었다.

일년초와 다년초를 적절히 섞어 심고 다년초의 경우 이전보다 긴 시간동안 유지하려고 이전에는 계절별로 식재 계획을 수립했던 것을 계절과 계절, 봄과 여름, 여름과 가을에 걸쳐 자라는 식물 소재를 찾고 관리하고 일년초를 통해 계절별 아름다움을 극대화하도록 조정하였다. 봄에 심은 식물이 가을까지 지속되니 그동안 볼 수 없었던 볼륨의 식물을 볼 수가 있었다. 잎 무늬가 다양해서 정

　　　　4장 모든 과정이 피어나는 풍경

영국의 지속 가능한 정원들

에버랜드의 지속 가능한 정원

원에 사용했던 코레우스를 봄에 식재하고 여름에 잎을 정리해 주면서 가을까지 연출했는데 다들 코레우스가 이렇게 크는 식물인가 하면서 신기해 했다. 물론 뜨거운 여름과 장마철의 지저분함을 견뎌야 했지만 말이다. 그라스 사이에 심겨졌던 에키네시아는 꽃이 지면 뽑아내곤 했는데 데드헤드를 늦가을 겨울이 오기 전까지 유지해서 새로운 가을 분위기를 연출했다. 그라스 사이에 검은 점들이 만들어 내는 정원의 모습은 차분하지만 화려한, 그리고 다음의 화려함을 기약하는 아름다움이라는 생각이 들었다. 피기 전의 꽃망울도 지고 난 뒤의 데드헤드도 모두가 꽃인 것이다.

　　　　이 소중한 사실을 모두가 인정할 때까지 많은 시간이 걸릴 듯하다. 하지만 이 과정을 인정하지 않으면 정원의 식물들이 살아갈 수 없고 결국 정원은 성장을 멈추고 사라지게 될 것이다. 지속 가능하다는 것은 이러한 과정이 정원에서 일어나는 상태인 것이다. 팬데믹이라는 재앙이 준 아이러니한 기회가 많은 사람들에게 '지속 가능한 정원'의 개념을 다시 한번 이야기할 수 있는 계기가 되었다. 식물이 우리에게 보여 주는 모든 몸짓은 아름다운 꽃이라는 사실을 다시금 마음에 되새길 수 있었다.

　　　　시간이 흘러 아직도 꽃이 져서 지저분해지면 담당자들이 묻거나 나도 담당자들에게 물어본다. 언제 교체하냐고. 하지만 그 빈도가 많이 줄어든 건 사실이다. 뭔가 변화가 갑자기 찾아오면 좋지만 식물의 특성처럼 정원에서의 변화, 인식의 변화도 긴 호흡으로

천천히 찾아오는 것 같다. 테마파크의 정원이 지속 가능한 정원을
꿈꾼다는 사실만으로 큰 진보임을 위안 삼아 본다.

비워야 채워지는
정원의 시간

공간을 비우고
가치를 채운다

식물의 거리 두기

몇 해 전, 한번도 경험해 보지 못한 시대가 도래했다. 전 세계가 하나의 어젠다, 즉 팬데믹 극복을 위해 이념에 상관없이 하나로 뭉쳐 어려움을 이겨나가려고 했다. 치료제와 백신 개발을 위해서 모두가 금전적으로 기술적으로 그리고 마음까지도 하나로 모아서 성공을 기원했다. 지금은 일상으로 돌아온 코로나19 이야기다. 이때 가장 큰 화두 중 하나가 '사회적 거리 두기'였다. 불필요한 모임을 줄이면서 전염병 확산을 막아보자는 의도였지만 그동안 너무 친밀했던 사회적 관계를 보다 편안한 관계로 거리 두기를 한 계기가 되지 않았나 생각이 들었다. 그동안 우리 사회는 건강한 거리 두기와는 다소 거리가 멀었던 것 같다.

영어권에 없는 '오지랖이 넓다'는 표현이 존재하는 것처럼 다른 사람의 삶에 아무 의식 없이 간섭하는 문화 속에 우리가 살

     5장 비워야 채워지는 정원의 시간

고 있었다. 개인적인 경험으로도 아이가 어렸을 때 놀이터에 데려가면 '춥다, 덥다, 애기 배고프겠다' 등 참견하는 어르신들이 많이 계셨다. 심지어 내 직장과 직업, 나이까지 묻는 바람에 난감했던 적이 한두 번이 아니었다. 물론 이러한 관심이 촘촘한 사회망을 만들어 빠른 발전을 이루기도 하지만 문제는 너무 과하다는 데 있다. 팬데믹 기간의 '거리 두기'로 인해 사회가 일시적으로 멈추었다. 이러한 멈춤을 통해서 건강한 거리 두기에 대해 생각하는 계기가 되었는데 우리 정원은 어떨까 하는 질문을 던지게 되었다. 식물과 사람은 거리 두기를 적절하게 하고 있었을까? 너무 가깝거나 멀지는 않을까?

비슷한 예로 동물과 사람과의 거리 두기에 대한 연구는 많이 진행되어 왔다. 인간의 등장만으로 야생 동물의 행동 패턴이 바뀐다는 연구 결과는 많이 있으며 때문에 자연 탐방로를 폐쇄해야 한다는 의견에 힘을 싣고 있다. 야생 동물의 서식지에 대한 이야기를 많이 들었는데 동물들도 스스로 거리 두기를 하며 공존한다. 생존을 위해 서로의 영역을 존중하고 자기 배설물로 표시해 불필요한 마찰을 줄이는 등의 노력이 야생에서 이루어진다.

식물의 경우는 어떨까? 다소 생소한 용어이겠지만 '크라운 샤이니스crown shyness' 또는 '캐노피 샤이니스canopy shyness'라는 자연 현상이 있다. 우리말로는 '수관기피' 현상인데 나무 최상단의 가지들이 마치 수줍어하듯 서로 닿지 않고 일정 간격을 유지하면서 자라는 양상으로 1920년대부터 관찰된 모습이다. 원리에 대

사회적 거리 두기

거리 두기가 전혀 되지 않은 정원의 모습

5장 비워야 채워지는 정원의 시간

서울 안산의 크라운 샤이니스

해서는 아직도 의견이 갈리고 있다. 나뭇가지들이 서로 부딪치는 것을 싫어하기 때문이라는 이론이 있고 나뭇가지들이 겹치면 숲에 햇볕이 침투하지 못하기 때문이라는 분석도 있다. 해충이 타고 넘어오는 것을 막기 위해서라는 견해도 있다. 이러한 현상들은 주로 같은 종, 비슷한 연령대 나무들에서 나타나는 현상으로 숲에 정교한 패턴을 만들어 준다.

주말에 자주 산책하는 메타세쿼이아 길이 있다. 걷다가 올려다 보면 다른 나무들의 영역을 존중하며 자라면서 산책로를 따라 긴 패턴을 만드는 메타세쿼이어 숲을 관찰할 수 있다. 보면 볼수록 신기하고 감탄스럽기까지 하다. '숲이 얼마나 오래되고 안정되었는지를 살펴보려면 하늘을 바라보면 된다'는 말이 있다. 인위적으로 조성된 숲은 아무래도 나무 사이의 거리 두기가 제대로 되지 않은 경우가 많다. 그래서 가지끼리 겹치며 하늘을 가리게 된다. 울창하지만 어두워 하부에는 생명이 자라기 어려운 숲이 된다. 시간을 두고 숲이 안정될수록 나무 스스로 거리 두기로 각자 영역을 만들어 가며 크라운 캐노피를 형성하는 것이다. 비로소 숲은 다양한 생명이 자라기 시작한다. 더 많은 연구가 필요하겠지만 적절한 거리 두기가 숲을 건강하게 만드는 데 좋은 영향을 준다는 사실은 의심의 여지가 없다.

정원의 식물들은 어떨까? 2000년대 들어 각광받는 정원 스타일 중 하나가 영국의 코티지 가든 스타일이다. 영국 시골 정원으로서 생존을 위한 채소 가꾸기에서 시작했기 때문에 빈틈없이 꽉 찬 느낌이 특징이다. 작은 면적에 최대한 많은 식물을 채우는 다양함과 풍부함으로 대표된다. 계단이나 주택 벽면까지도 식물로 가득 채우는 모습이 이보다 더 충만한 식물을 느낄 수는 없을 것 같은 분위기를 만든다.

'색채의 마술사'로 불리는 영국 정원사 크리스토퍼 로이드의 그레이트 딕스터 정원에 처음 방문했을 때 그 다양함과 풍성함에 완전히 압도당했다. 그런데 정원을 즐기는 동안 피로감이 몰려왔다. 빈틈없이 식물이 가득한 공간을 거닐다 보면 마음속까지 꽃으로 가득 차 생각을 하기 위한 쉼표가 없는 느낌이었다. 수차례 방문 후 그곳에 익숙해지자 의자나 여유가 있는 공간을 찾아 오래 쉬어 가며 여백이 없어 보이는 공간에서 풍성함을 간결하게 만들 수 있었다. 처음 방문하면 정원의 풍성함에 놀라고 두 번째에는 쉼표가 없음에 놀란다. 세 번째 방문에서 작은 쉼표를 찾아 비로소 균형을 발견하며 경탄하는 정원이라 할 수 있다.

그레이트 딕스터 정원은 공간의 강약 조절, 사람과 사람, 식물과 사람, 식물과 식물의 거리 두기가 잘 되어 있다. 빈 공간이 많지 않음에도 비울 곳은 확실하게 비우고 채울 곳은 확실하게 채웠다. 피곤할 만하면 나타나는 작은 벤치 하나가 풍성함을 답답함이 아닌 편안함으로 느껴지게 하는 마법을 부렸다. 식물들도 저마다의 간격을 가지고 자연스럽게 또는 다소 어지럽게 피고 지고를 반복

그레이트 딕스터 정원의 빽빽한 화단

그레이트 딕스터 정원의 비워진 공간들

     5장 비워야 채워지는 정원의 시간

한다. 크리스토퍼 로이드는 이러한 정원의 거리 두기 원칙을 자연에서 배웠다고 이야기한다. 자연스럽게 씨앗이 날아오고 일하다가 쉬게 되는 곳에 벤치를 두고 하면서 정원이 정원사와 함께 성장해 간 것이다.

흔히 공간을 비우면 아무것도 하지 않았다고 여기곤 한다. 비우기 위해 한 고민, 비운 것 자체가 하나의 디자인인 사실은 잘 이해하지 못한다. 2000년대 초반에 아파트 외부 공간을 디자인하면서 직선으로 된 넓은 잔디 공간을 계획했다. 입주민들의 생활을 자유롭게 담는 공간이자 시원한 시선을 만들 목적이었는데 시행사에서 왜 아무것도 디자인하지 않았냐며 크게 화를 냈고 결국 소나무를 빽빽하게 심을 수밖에 없었다. 인간의 욕심으로 식물을 빽빽하게 심어 놓지만 '정작 그 식물들은 행복할까?' 고민하는 계기가 되었다.

크리스토퍼 로이드의 정원을 보면서 자연은 스스로 적당한 거리를 두며 성장한다는 것을 배웠다. 한국으로 돌아와서 만든 정원들은 모두 극단적으로 꽃으로 가득 찬 정원들이었다. "나 여기 있어요. 내가 얼마나 아름다운지 몰랐죠? 나 좀 봐 주세요. 제발!" 이러한 메시지를 전달하기 위해 애를 썼다. 꽃과 정원이 이전과 다르게 아름답고 가치 있는 것이었구나 하는 사실을 많은 사람들에게 보여 주고자 했다.

화려하게 가득 채우거나 피로감이 느껴지는 정원이 아

닌 식물과 식물, 식물과 사람, 사람과 사람의 적당한 거리 두기를 통해 정원의 아름다운과 가치를 한 단계 더 올려 보고 싶었다. 그래서 2021년도 연출 방향을 "공간은 비우고 꽃은 채운다"로 정했다. 꽃과 꽃을 조금 떨어뜨려 보기로 했다. 그해 봄, 튤립 축제를 기획하면서 스태프들에게도 꽃 사이사이 공간을 두면서 식재를 하도록 가이드를 줬다. 비우면서도 풍성함이 느껴지는 정원을 위해 고민하다가 몇 가지 아이디어를 냈다.

첫 번째로 전면부에 튤립으로 메도우 가든Meadow Garden을 연출하는 것이었다. 메도우 가든이란 식물들이 적절한 간격을 유지하며 군락을 이룬 초원 경관을 재현한 것이다. 자유분방하지만 생태적으로 풍성하고 서로 간의 적절한 균형이 어우러지는, 그래서 생태적으로 다양하고 안정을 이루는 정원 양식이다.

포시즌스 가든 정면에 만들 생각이었는데 메도우 가든이란 것도 낯선데 튤립 메도우 가든은 더욱 낯선 개념이기에 진척이 잘 되지 않았다. 아직 세상에 없기 때문에 실체가 없는 것을 가지고 사람들을 설득하는 것은 아주 어려운 일이었다. 그래서 방향을 바꿨다. 튤립 하면 떠오르는 풍경 중 가장 유명한 장면이 네덜란드 튤립 농장의 곧게 뻗은 튤립 패턴일 것이다. 자연스러운 군락인 튤립 메도우보다 적절한 간격으로 재배되는 튤립 필드를 조성해 보기로 했다. 이전에도 튤립 필드를 만들어 본 적은 있었는데 정원이 확장되면서 새로운 느낌이 될 것 같았다.

5장 비워야 채워지는 정원의 시간

영국의 메도우 가든 1

영국의 메도우 가든 2

문제는 어떻게 간격을 유지하면서 좁은 정원을 더욱 넓게 만드냐는 것이었다. 마법을 부려야 했고 스태프들과 함께 마법을 부렸다. 첫 번째 마법은 패턴을 곡선으로 만드는 것이었다. 직선의 튤립 패턴이 우리에게 익숙하지만 패턴을 곡선으로 만들면서 튤립 라인의 길이가 더욱 길어지는 마법이었다. 이에 더해 우리나라 밭고랑의 굴곡을 튤립 필드에 적용해서 보다 볼륨감 있는 튤립 패턴을 만들었다. 밭고랑 상부에는 튤립을, 하부에는 낮은 초화를 이용해 튤립 간의 간격을 벌렸다.

그래도 뭔가 부족했는데 이때 두 번째 아이디어를 적용했다. 몇 년 전부터 인피니티 풀이라는 것이 선풍적인 인기를 끌었다. 풀 빌라 이용 인구가 늘어나면서 여기서 찍은 사진이 SNS를 도배하고 있었다. 숙박 업체들은 경쟁적으로 인피니티 풀을 도입했다. 정원에도 이 개념을 도입하면 꽃을 더 풍성하게 보이게 하지 않을까 하는 생각을 몇 해 전부터 했다.

앞서 언급한 대로, 우리나라 전통 정원 기법 중에는 '밖에 있는 경치를 빌려 온다'는 개념인 차경이 있다. 사실 인피니티 개념은 이러한 맥락으로 볼 수 있는데 뭔가 꽉 차 있는 포시즌스 가든은 빌려 올 경관도 마땅히 없어 이래저래 도입이 어려웠다.

그런데 정원에 새로운 시설이 도입되었다. 초대형 LED 스크린이다. 처음에는 호감이 가지 않은 시설물이다. 이 자체가 어마어마하게 자극적인 요소였다. 정원에 큰 화면이 있으면 모두 그것

밭고랑을 도입해 꽃이 심기는 표면적이 늘어난 튤립 필드

튤립 필드

인피니트 가든

222

만 보고 식물들이 상대적으로 소외될 것 같은 생각이 들었다.

내 맘과 같지 않게 초대형 스크린은 도입되었고 다양한 영상을 송출하기 시작했다. 역시나 눈길을 잡았지만 조용한 식물들도 나름 선전해서 모든 시선과 관심을 빼앗기지는 않았다. 이 정도면 정원의 요소로 활용해도 되리라 생각했고 스태프들과의 회의를 통해 인피니트 가든을 연출해 보기로 했다. 초대형 스크린 튤립 필드와 바로 앞 정원의 튤립 필드를 연결하고, 디지털과 아날로그, 한국과 네덜란드의 튤립 필드를 연결하게 되었다. 그렇게 시공간을 모두 초월한 인피니트 정원을 만들 수 있었다.

꽃 사이에 알맞은 거리를 두는 공간을 만들었고, 빈 공간이 정원에 연출되면서 상대적으로 꽃의 양이나 볼륨감이 줄어들 수 있었지만 평평했던 대지에 굴곡을 주면서 꽃 심은 면적은 늘리고 시각적으로도 볼륨감을 강조했다. 정원 시설물과 디지털 기술을 활용해 오히려 더 많은 꽃, 개념적으로는 꽃을 정원에 무한하게 채운 정원으로 연출할 수 있었다.

수줍음이라는 단어를 사용한 과학자들의 낭만이 엿보이는 '크라운 샤이니스'는 결국 원인이 무엇인가보다는 어떤 효과가 있느냐를 알아가는 것이 핵심이라 생각된다. 정원의 식물이 적당한 거리 두기를 한다면, 혹은 사람과 식물이 적절한 거리에서 소통한다면 어떤 효과를 기대할 수 있을지를 지금부터 만들어 가는 정원이 보여 주지 않을까? 거리 두기로 생겨난 공간에 어떤 가치를 채워 나갈지도 고민하면서 정원다운 정원의 모습도 기대해 봐야겠다.

식물이 아닌 흙을 가꾸다

나를 부르는 다양한 이름이 있다. 아빠라는 사적인 명칭부터 그룹장 또는 박사라는 사회적 명칭까지 있다. 그중에 제일 나를 잘 표현해 줄 수 있는 것이 '가든 메이커Garden Maker'가 아닌가 싶다. 아쉽게도 포털 사이트에서 인정하는 정식 직군이 아니다. 물론 정원사도, 정원 일을 하는 누구도 사육사, 수의사나 건축가 같은 '공식 직군'으로 인정받지 못하고 있다. 가든 디자이너는 정원을 기획하고 연출하는 일을 하고 정원사는 정원에 식물을 심거나 관리하는 사람들로 이야기할 수 있는데 정원의 속성을 알고 나면 이렇게 분류하는 것이 맞는가 하는 의문이 든다.

정원은 끝나지 않는 성장의 과정이다. 절반은 성장하고 절반을 쇠퇴하는 과정이 반복적으로 순환되는 곳이다. 이 순환의 연결 고리가 바로 사람인데 무 자르듯이 딱 잘라 '디자이너, 정원사' 이런 식으로 분류하는 것은 정원의 속성을 이해하지 못한 것이라는 생각이 든다. 가든 메이커는 단순히 꽃을 기르거나 공간을 만들고 끝내는 사람이 아니라 '정원을 기획하고, 디자인하고, 만들고, 유지 관리하면서 정원의 성장을 돕고 본인도 성장하는 사람'으로 정의되

가든 메이커 친구들

어야 한다.

2000년대 후반 지인들과 이렇게 정원 일을 하는 사람들의 정체성을 이야기하였고 영국의 친구 교수가 자신을 이렇게 부르는 모습을 보면서 정원을 만드는 사람들의 정체성을 가장 잘 표현하는 단어가 '가든 메이커'라는 확신을 가지게 되었다. 그러면 가든 메이커가 정원 만드는 일을 시작할 때 어디서부터 시작해야 할까?

오래전부터 정원 일의 시작에 대해 고민해 왔다. 식물 간에 적절한 간격을 이루며 스스로 성장하는 건강한 정원을 만들기 위한 시작은 어디서부터일까? 환경을 조사해 그에 맞는 식물을 고르는 데서부터라고 생각하기 쉽지만 훨씬 먼저 해야 할 일들이 있다.

     5장 비워야 채워지는 정원의 시간

공사장에서 나온 값싼 흙에 조성된 정원들

좋은 흙 위에 만들어진 정원들

나는 이 과정이 가장 중요하다고 생각하지만 현장에서는 그저 여유가 되면 하는 옵션 정도로 여길 때가 많아 속상한 적이 많았다. 그 과정은 바로 흙을 가꾸는 일이다.

흙도 가꾸어야 하나? 흙을 가꾸는 게 뭐지? 이러한 질문이 떠오르는 것은 너무나 자연스러운 일이라고 생각한다. 아직도 조경 공사 현장에서는 공사장에서 나오는 바싹 마르고 영양기 전혀 없는 값싼 흙으로 화단을 조성한다. 돌도 많고 식물을 그저 꽂아 놓는 정도이지 심는다고 할 수도 없을 듯하다. 이렇게 조성된 공간에서는 식물이 죽어나가 하자도 많이 발생한다. 정원이 정원다워지려면 식물이 잘 살 수 있는 환경을 먼저 만들어 주어야 하는데 그 시작이 건강한 흙이다. 그럼에도 흙을 너무나 하찮게 여기는 것 같다. 필요하면 비료나 사다 뿌려 주면 되니까 말이다.

사실 생산성을 극대화하기 위해서 사용하는 비료가 흙을 더 병들게 하고 장기적으로 환경에 재앙을 가져올 수 있다. 화학 비료에 대한 이 불편한 진실을 많은 사람들이 굳이 이야기하려 하지 않았다. 다행히 유기농 채소의 인기로 천연 비료에 대한 관심이 높아지고 있지만 화학 비료의 사용량을 획기적으로 줄이지 않는 한 흙은 점점 병들 것이다.

비약적으로 발전한 19세기 과학기술 덕분에 화학 비료가 발명되었다. 농업 현장에 보급되면서 단기간에 엄청난 생산량 증가를 가져왔고 식량 문제를 해결할 것처럼 보였다. 하지만 화학 비

    5장 비워야 채워지는 정원의 시간

료를 사용하면 식물은 필요한 성분만 흡수한다. 나머지는 땅에 버려진다. 버린다는 표현이 정확한 것 같다. 모든 생명체는 이기적인 유전자를 가지고 있는 것인가 하는 생각도 든다. 편리하게 사용하는 비닐 봉투가 환경을 파괴하듯이, 고농축 영양소를 식물체에 전달하는 역할을 하는 성분들이 흙에 버려지면서 환경을 파괴하게 되는 것이다. 시판되는 화학 비료의 주성분은 황산암모늄, 염화암모늄, 황산칼륨, 염화칼륨 등이다. 식물들은 암모니아나 칼륨 같은 필요 물질만 흡수하고 산성을 띤 황산이나 염소는 땅에 버려진다. 이 과정이 계속되면 토양은 강한 산성으로 변해 흙을 이롭게 하는 미생물은 살지 못하고 해로운 미생물만 늘게 된다. 식물이 자랄 수 없이 산성화된 땅은 결국 생산량의 감소로 연결된다.

잊지 말아야 할 것은 흙은 우리 인간을 위해 가장 중요한 위치에 있는 존재라는 것이다. 흙이 없었다면 인간은 지금처럼 번성하지 못했을 것이다. 오죽하면 성경에 인간이 흙으로 만들어졌다고 쓰여 있겠는가? 우리 모두 흙으로 돌아간다는 것은 부정할 수 없는 사실이다.

흙은 모든 생명의 순환에 아주 중요한 연결 고리이다. 역사를 들여다보면 흙을 소중히 여기지 못한 사람들의 끝은 좋지 못한 것을 볼 수 있다. 모든 길은 로마로 통한다고 했던 그 나라도 결국에는 망했다. 여러 이유가 있지만 많은 역사학자들이 '흙을 소중하게 생각하지 않았던 로마인들이 그들의 멸망을 앞당겨 자초했다'

농사의 기본은 좋은 흙을 확보하는 것이다

5장 비워야 채워지는 정원의 시간

로마 시대 정원의 흔적들 1

로마 시대 정원의 흔적들 2

고 이야기한다.

　　　로마가 제국으로 번성하기 전에는 각자 자기 땅을 경작
했다. 이때는 비옥한 땅을 만들기 위해 많은 노력을 했다고 한다. 인
분을 모아 사용하기도 했고 컴포스트 빈(퇴비함)을 만들어 사용하기
도 했다. 스스로 농사지었기 때문에 땅의 소중함을 대대로 알고 있었
을 것이다. 비옥한 땅에서 곡물 생산은 늘었고 부가 쌓이게 되었다.

　　　하지만 부유층이 더 넓은 땅을 소유하게 되고, 이를 효율
적으로 관리하기 위해 지주가 되고 소작농을 부리게 되면서 흙에 대
한 관심이 떨어지기 시작했다. 소작농들에게 생산성 고취는 곧 노
동량의 증가를 뜻했고 그만큼의 대가도 받지 못했기 때문에 건강한
흙을 위한 노력을 하지 않고 농사를 계속해서 지었다. 이렇게 시간
이 흐르자 로마의 곡물 생산량이 감소하기에 이르렀다. 영토를 확장
하기 위해 많은 전투를 치르던 로마에 매우 중요한 군량미 확보가
어려워진 것이다. 먹을 게 없어지니 군사들의 사기는 떨어지고 건강
상태도 나빠지게 되었다. 수차례 전쟁에서 패하게 되면서 결국에는
로마의 멸망을 가져왔다고 한다. 다분히 '흙'의 관점에서 조금은 과
장된 해석이지만 핵심은 '흙을 소중히 여기지 않은 민족에게 미래는
없다'는 것이지 않나 싶다. 로마의 사례처럼 말이다.

　　　에버랜드에서도 많은 양의 비료가 사용된다. 흙의 건강
을 위해서보다 꽃을 더 풍성하게 하거나 새로 심은 나무가 빨리 환
경에 적응할 수 있도록 하는 목적이다. 미래 세대를 위한 거창한 대

의명분이 아니어도 건강한 정원을 위해서는 '흙을 가꾸어야 한다'는 사실을 에버랜드를 통해 알려야 하지 않을까 하는 생각을 하기 시작했다.

정원에 대한 관심이 높아지면서 고객 문의량이 늘고 그 수준도 높은 경우가 많은데 대표적인 것이 퇴비에 대해서였다. 주로 어떤 비료를 사용하는지와 매일 발생하는 많은 식물 부산물이 어떻게 처리되는가에 대한 의문이었다. 에버랜드에서 복합 비료 즉, 화학 비료도 많이 사용하고 있고 부산물은 자체 처리가 어려워 폐기하고 있다고 답변하면 실망한 듯이 "그게 더 경제적이죠?"라고 되묻곤 하시는데 내 입장에서는 상당히 곤혹스러운 순간이었다.

해마다 엄청나게 발생하는 식물 부산물을 처리하기 위해 퇴비 제조장의 조성을 검토한 적이 있었다. 정원에서 자란 식물을 이용해 퇴비를 만드는, 하나도 버리지 않고 순환하는 정원을 겨냥한 프로젝트였는데 결과적으로 실패하고 말았다.

먼저 퇴비 제조장을 만들기 위해 넘어야 할 규제가 너무 많았다. 여러 시설이 투자되어야 하고 무엇보다도 부정적 인식을 바꾸기가 너무 힘들것 같았다. 유해 시설로 인식되어 많은 반대를 이겨내야 하는 시설이 되어 버렸기 때문이다. 외부에서 만든 퇴비를 사다 쓰는 편이 훨씬 경제적이어서 검토 단계에서 접을 수밖에 없었다.

사실 관리 범위가 너무 넓다 보니 비료까지 세세히 챙기지 못했는데 더 늦기 전에 흙을 가꾸는 일 자체가 하나의 문화유산

버려지는 일년생 꽃들

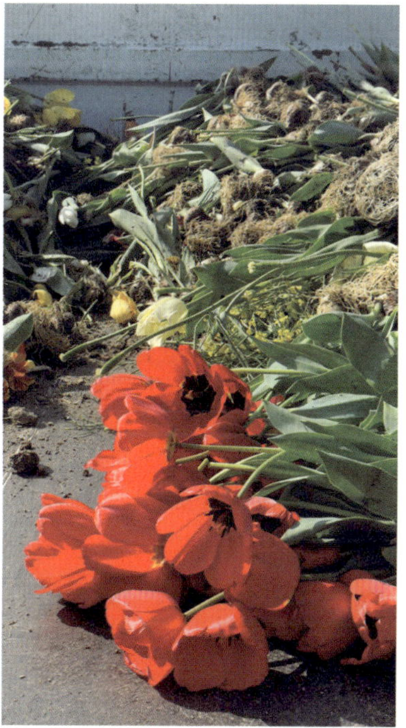

버려지는 튤립들

이 되어야 할 것 같았다. 첫걸음으로 천연 비료로 바꾸는 원칙을 세웠다. 화학 비료를 전혀 쓰지 않기란 불가능하다는 의견이 많았다. 그렇다고 실사용 제품을 하나하나 점검할 수도 없었다. '천연 비료 사용'이라는 원칙을 주고 현장에서 어떻게 적용시키는지 지켜볼 수밖에 없었다.

같은 원칙 아래서도 현장 스태프들의 반응이 갈렸다. 흙을 보는 관점에 따라 대응법도 달랐다. 이를테면 한 스태프는 그동안 과용되었다고 보고 이삼 년간 수목 관리를 하는 중에 비료를 전혀 주지 않는 결정을 했다. 자연스럽게 떨어진 잎이나 사그라든 잡초가 퇴비 역할을 하고 또 주변 산지에서 흘러내리는 영양분이 있으니 그것만으로도 건강하게 성장할 수 있다고 판단한 것이었다. 일리가 있었다. 또 다른 스태프는 흙이 건강하지 않아 보이니 지속적인 비료 공급을 통해 개선할 필요가 있다고 판단했다. 천연 비료 위주로 쓰는 원칙을 두고 아주 급할 때만 약 처방하듯 화학 비료를 소량 사용한다고 했다.

두 사람에게 서로 상의해 보고 결과를 알려 달라고 했더니 '결국 모두가 맞다'고 했다. 옳은 말인 것이 각자 현장에 맞게 처방을 했다. 과영양화된 흙은 본연의 모습으로 돌리고 스스로 버틸 힘이 생기도록 비료를 끊은 것이 적절했다. 스스로의 힘이 부족한 흙에는 천연 비료를 통해 건강한 식물체가 자랄 수 있는 여건을 만들면서 '영양제 한 줌 먹이는' 방법이 맞는 것이었다.

에버랜드 장미원은 비료 사용이 더 쉽지 않았다. 많은 고객이 다녀가는 접점이기 때문에 악취에 더욱 민감했다. 사용할 양질의 천연 비료들을 찾아내긴 했는데 문제가 생겼다. 아침마다 너무도 건강한(?) 분뇨 냄새가 장미원을 가득 메우는 것이었다. 완전히 숙성해서 아무 향이 나지 않는 국내 제품이 별로 없어서 그나마 나은 것을 사용했지만 냄새를 막을 방법이 없었다. 그래서 비료는 미리 구매해서 보이지 않는 데서 더 부숙시킨 후 사용하는 것을 원칙으로 하고 있다.

고체형 비료를 주는 장미원

     5장 비워야 채워지는 정원의 시간

국토의 70%가 산림으로 이루어진 우리나라는 예로부터 풍부한 천연 컴포스트를 제공받는 혜택을 누렸다. 건강한 산은 해마다 많은 나뭇잎, 자연의 부산물(동물의 배설물 등)을 통해 상당한 양의 퇴비를 생산해 내고 있다. 이 천연 퇴비가 빗물에 의해 낮은곳으로 이동해 건강한 흙을 만들게 된다. 하지만 안타깝게도 건강한 흙과 유기물이 내려오는 길목에 콘크리트 덩어리들이 자리 잡고 있다. 도시 인프라가 발전할수록 단절은 더욱 심해졌다.

이제는 건강한 흙을 공급해야 건강한 정원을 만들 수 있는 시대가 되었다. 지금이 바로 흙에 대해 다시 한번 생각해 보아야만 하는 시점이다. 더 늦기 전에 방향을 잘 잡아야 하기 때문이다. 서점에서 퇴비에 대한 책을 찾아 보니 다섯 손가락 안에 꼽을 만큼 아주 드물다. 영국에 셀 수 없을 만큼 많은 컴포스트 관련서가 나와 있는 것과 크게 대조가 된다. 그래서 흙을 부각하고자 여러모로 고민했다. '자체 퇴비 만들기' 프로젝트는 실패했기 때문에 다시 처음부터 흙의 중요성을 알릴 방법이 필요했다.

세상 모든 정보가 영상으로 만들어지고 소비되는 시대가 되었다. 에버랜드도 오래전부터 자체 영상을 제작해 고객들과 소통하고 있었고 사회적 이슈를 몰고 온 아주 트렌디한 콘텐츠도 있었다. 이러한 시대적 흐름에 따라 2021년, 식물에 대한 유튜브 제작 프로젝트가 진행되었다. 식물이라는 정적인 소재를 동적인 영상으로 만들기가 쉽지는 않았기에 스태프들이 상당히 부담스러워했다. 결국 여러 차례 회의를 통해 내가 담당자로 결정이 되었다. 내가 부서장인데 말이다. 부담이 컸지만 그동안 공부한 것과 평소 품었던 철학을 영상으로 남길 수 있겠다 생각했고, 수준 낮은 정보가 범람하는 현실을 극복하는 '착하고 올바른 영상'을 꿈꾸며 기획하기 시작했다.

'꽃바람 이박사'라는 타이틀로 다양한 식물과 정원, 테마 파크 정원 이야기를 영상으로 만들었다. 나름대로 정원의 본질을 찾아가는 로드맵을 품었다. 회사 일로 시작했지만 참으로 좋은 기회가 아닐 수 없었다. 단순히 '이런 아름다운 정원을 만들었으니 놀러 오세요' 정도가 아니라 건강한 정원 생활과 식물과 함께해 온 우리들의 이야기를 담고자 했다. 이로써 정원 문화를 선도한 에버랜드의 가치, 그리고 우리와 함께할 정원의 가치를 전달하고 싶었다.

흙에 대한 콘텐츠도 2개로 구성했고 꽃 축제가 열리는 중심 공간 한편에 컴포스트 빈을 설치해서 연출까지 했다. 흙에 대한 많은 사람들의 인식이 전환되기를 바라는 마음으로 최선을 다해 만들었다.

영상 콘텐츠의 장점이 가상 공간에 남아 있어 새로운 분들이 계속 유입되며 보게 된다는 것인데 해당 영상은 다른 편에 비해서 조회 수도 많이 나온 편이였다. 영상이 나가고 한참이 지난 어느 날 SNS 계정으로 인터뷰 요청이 왔다. 정원 활동가라는 자기 소개가 상당히 신선하게 다가왔다. 누군가 정원을 통해 아름다운 메시지를 세상에 전하고 있다는 생각이 들었고 인터뷰에 응했다.

첫 만남에서 "제대로 찾아오신 건지 모르겠어요."라고 이야기했다. 사회적으로 진보적인 주장을 펼치는 활동가에 비해 적극 실천하지 못하는 것 같은 내가 어떤 이야기를 들려줄 수 있을까 염려되었다. 끊임없이 고민하지만 결과를 얻지 못하고 있었기 때문이다.

정원 활동가분은 일단 '가장 자본주의적인 공간이고 친환경과는 거리가 멀 것 같은 테마파크'에 퇴비함을 설치한 게 신기했다고 하면서 '정원사는 꽃을 가꾸는 사람이 아닌 흙을 가꾸는 사람'이란 말에 동의해 주셨다. 상업적인 가든 메이커와 정원 활동가가 바라보는 곳이 같으니 언젠가는 한곳, 본질을 잘 보여 줄 수 있는 정원에서 만나지 않을까 하는 이야기를 나눴다. 장차 거대한 퇴비 덩어리를 자랑스럽게 바라보고 건강한 흙 냄새를 맡으며 정원 일을 하는 날이 올 것을 기대해 본다.

정원의 가치 - 쉼과 공존

테마파크에서 일하기 시작한 첫해에는 정원을 만드는 데 많은 예산을 사용했다. 곳곳에 꽃이 보이지 않는 곳이 없었다. 입구를 들어오면 넓은 광장이 있는데 그곳에 컨테이너 가든을 조성하기

파크 안에 있는 컴포스트 빈

정원의 시작은 흙을 가꾸는 것부터

　　　　　　　　5장 비워야 채워지는 정원의 시간

컨테이너 가든 1

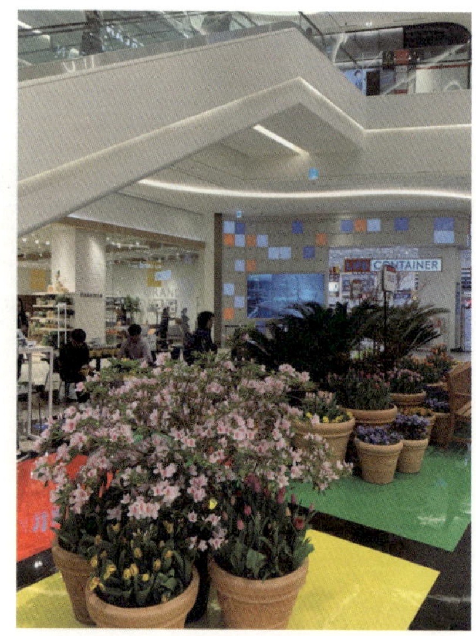

컨테이너 가든 2

도 했다. 얼른 놀이기구를 타고 싶은 방문객들이 가장 마음 급해 하는 장소이기도 하다. 여기 마련한 정원은 통행에 불편을 줄 수도 있었지만 파크 어디나 꽃을 채우자는 의지로 만든 공간이었다.

물론 아주 예뻤다. 다양한 콘셉트를 구상하고 컨테이너를 이용하다 보니 훨씬 자유롭게 연출할 수 있었다. 하지만 '정원이 그 장소에 꼭 있어야 할까?'라는 고민에는 마땅히 답을 찾을 수 없었다. 있으면 좋지만 없어도 상관없는 공간에 정원을 꾸렸다고 할 수 있었다. 반면 입구 광장의 통행량 증가 시 안성정에 대한 우려와 주변 상점으로의 유입을 저해한다는 문제도 제기되었다. 조성 비용뿐만 아니라 유지 관리 비용도 많이 들었다. 아파트 주거가 흔한 우리나라에서 컨테이너를 활용한 정원을 만들어 다양한 모습을 보여 준 것 자체는 의미 있는 일이었지만 그로 인한 불편도 많이 나타났다.

파크를 둘러보니 없어도 될 곳에 구태여 정원을 만들거나 힘겹게 꽃을 심어둔 경우가 많이 있었다. 놀이기구를 타러 가는 중간에 꽃이 있어 좋다고 할 수도 있겠지만 정원이란 장소가 목적이 되기 어려운 선택이었던것 같다.

정원은 사람들에게 쉼을 주고, 식물과 사람이 공존하는 공간으로서의 가치가 가장 크다고 생각한다. 사람들은 이러한 가치를 기꺼이 찾고 단순히 감정을 소비하는 것 이상의 문화를 만들어 간다. 화려한 파크 내 공간들은 꽃은 많지만 이러한 가치를 느끼게 하기에 무언가 부족함이 느껴졌다. 대양 위에서 바닷물로 갈증을 해

		5장 비워야 채워지는 정원의 시간

파크 곳곳에 만들어진 꽃의 공간들

결할 수 없듯이 꽃이 지천에 많다고 해서 정원의 가치를 느끼게 할수는 없는 듯했다. 그래서 전략적으로 선택과 집중이 필요했다. 버릴 것은 과감하게 도려내고 굳은살은 더욱 단단하게 만들어야 한다고 생각했다.

무조건 넓다고, 많다고 좋은 것은 아니라고 생각한다. 하지만 이런 생각을 사람들이 애써 무시하는 것 같았다. 우리나라 꽃축제의 홍보 문구를 보면 '국내 최대 규모'를 내세우는 것이 가장 안전한 방법이다. 국내 최대 규모의 꽃 축제, 국내에서 가장 많은 품종의 장미가 있는 장미원 등등.

꽃으로 가득한 화단들

　　꽃 축제가 전국에 많아지면서 에버랜드의 정원은 규모 면에서 밀릴 수밖에 없었다. 국내 최초의 장미원, 국내 최초의 꽃 축제인 장미 축제, 튤립 축제라고 이야기하지만 자칫 오랜 역사가 고객들에게 오히려 낡은 느낌을 만들지 모를 일이었다. 지자체마다 국내 최대 또는 세계 최대 규모를 외쳐대며 정원과 꽃 축제를 홍보하고 엄청난 예산의 행사를 개최하기 시작하면서 회사도 나도 조바심이 커졌던 것 같다. 규모를 극복할 방법을 고안해 보라는 것이 조직의 요구였고 나의 도전 과제이기도 했다.

　　안 되는 것을 억지로 하다 보니 다양한 형태의 자투리 정

　　　　　　　　　　　　　　5장 비워야 채워지는 정원의 시간

원이 만들어지게 되었다. 물론 고객 입장에서 나쁠 것은 없다. 맨땅보다는 꽃이 있는 것이 좋기 때문에 말이다. 하지만 테마파크는 방문목적이 비교적 뚜렷한 장소이다. 놀이기구를 타기 위해 왔는데 꽃이있는 것은 '정원'에 대한 메시지를 효과적으로 전달할 수 있는 상황이 아니었다. 방문 목적이 정원이 아닌 상태에서 억지로 정원과 화단의 양으로 승부하려 했기에 지자체의 '대규모' 행사에 백전백패할 수밖에 없었다. 시급한 것은 꽃의 양을 늘리는 것이 아니라 최고 품질의 정원, 정원다운 정원, 이야기가 있는 정원을 만드는 일이었다.

인구 구조가 급격히 변화하면서 역사상 가장 젊은 중년층이 생겼다. 꽃과 정원 문화를 주도하는 중년층, 특히 중년 여성들의 사회 활동이 활발해지면서 정원 문화도 급속도로 발전하게 되었다. 이제 정원을 보기 위해 해외로 여행을 다니는 일들이 많이 늘어났다. 10여 년 전 영국의 정원 문화를 알리고자 '심플 가든 투어'를상품으로 만들었을 때만 해도 정말 관심 있는 소수의 사람들만 관심을 가졌는데 지금은 정말 많은 사람들이 관심을 가지고 있다. 이러한 사람들이 관심을 갖는 곳은 가장 아름다운 정원이지 가장 넓은 정원은 아니었다. 또 때마침 유행한 뉴트로 현상에 힘입어 최초의 꽃 축제는 오래된 진부한 것이 아니라 클래식한 유산으로서 다양한 이야기를 만들 수 있을 듯했다.

그래서 정원의 방향성을 전환했다. 식물 간 거리 두기를통해 만든 새로운 공간에 꽃이 아닌 정원의 가치를 채우는 작업을

정원을 즐기는 사람들

245   5장 비워야 채워지는 정원의 시간

심플 가든 투어

하기로 했다. 어떤 가치를 채워야 하나? 정원의 가치는 무엇이 있을까? 정말로 많은 가치가 있을 텐데 우리는 그중 무엇을 먼저 채워야 할까?

'가치'라고 하는 것이 경제적, 사회적, 도덕적, 예술적, 과학적, 정치적 관점 등 다양한 맥락별로 완전히 다르게 정의되기 때문에 어떤 맥락에서 정원을 바라볼지도 중요한 문제가 된다. 가치라는 표현은 철학적인 맥락보다 경제적 측면에서 가격을 가늠하면서 현실적인 의미로 사용되는 것이 흔하다. 어쩌면 가장 설득력이 있다. 가치가 높은 건축물은 가격도 높으니.

오래전 네덜란드 튤립 파동 때 귀한 튤립 구근이 가격도 비쌌다. 비싼 정원이 가치도 있을까? 막대한 예산을 들인, 지자체에서 운영 중인 수많은 정원들이 과연 가치가 있어서 수백 년 동안 유지될 수 있을까? 이런저런 정리되지 않는 질문들에 답해 가며 방향을 찾아갔다.

세상이 바뀌어도 끝까지 변하지 않을 가치를 중심으로 정원을 보아야 했다. 첫 번째로 정원은 역사적 가치를 가지고 있다. 살아 있는 역사라 할 만큼 많은 역사의 켜를 가진 것이 정원이다. 다양한 시대와 다채로운 스타일, 여러 철학, 수많은 이야기가 정원에 차곡차곡 쌓여 있다. 과거의 사람과 현상들을 현재와 강하게 연결하고 미래를 준비하게 하는 것이 정원을 만드는 일의 주된 과정이라고 할 수도 있다.

모든 정원이 저마다 그렇듯이 에버랜드 정원에 채울 수 있는 역사적 가치는 우리나라 최초로 꽃을 즐길 수 있는 문화를 만든 장소라는 점이다. 에버랜드 뮤직 가든에는 창업주의 친필을 새긴 기념비가 있다. 용인을 국토 개발의 장으로 삼고자 하였는데, 인상적인 것은 공장이나 아파트 건립 등의 일반 공식이 아니라 숲을 가꾸고 꽃을 심고 즐기는 문화를 만드는 새로운 국토 개발 공식이었다는 것이다. 당시에는 나무 심기보다 공장을 짓는 것이 훨씬 더 필요하고 기업 경영에도 도움이 되었을 것이다.

하지만 머릿속에 인간과 자연의 공존을 통한 국토 개발의 모습이 자리했던 것 같다. 헐벗은 산에 나무를 키울 환경을 만들고자 하였다. 돼지를 키워 퇴비로 비옥한 땅을 만들고 밤, 살구, 사과 등 배고픔을 조금이라도 해결할 과실수果實樹를 심었다. 자연을 즐기는 문화가 궁극적인 개발이라는 비전이었던 것 같다. 에버랜드 곳곳을 들여다보면 이곳을 국토 개발의 장으로 삼고자 한 바람을 읽을 수 있는 나무들이 많이 있다.

에버랜드 정원에 채워야 할 역사적 가치가 바로 이것이 아닐까 생각했다. 식물과 인간이 서로 도와 공존하며, 식물을 통해 여가 생활을 더욱 풍성하게 하고자 했던 추구 말이다. 이를 도입하는 방법은 양극단에 치우칠 우려가 있었다. 일차원적으로 기념비 하나 설치하고 끝내거나, 혹은 너무 추상적이라 제대로 전달되지 않을지도 모른다.

눈에 보이지 않는 문화유산이 물리적인 공간에서 생명을 가질 수 있는 방법은 '재현'이 아닌 '성장'이다. 전쟁을 겪으면서 우리 문화재 다수가 파괴되었는데, 정원 문화도 예외가 아니어서 원형을 간직한 사례가 드물다. 역사 유적이 진정성을 갖기 위해서는 정확한 역사적 사실에 기반한 복원이 이루어져야 한다. 살아 있는 식물을 소재로 한 정원을 당시 모습 그대로 되살리기란 불가능에 가까울지 모른다. 하지만 정원 주인이 정원과 삶에 대해 가졌던 태도를 바탕으로 한다면 역사적 사실이 계속 성장하는 공간으로 만들 수 있을 것이다. 이를 실마리로 나도 방법을 찾았다. 식물 소재에서부터 창업주가 품었던 '국토 개발 정신'인 자연과 인간의 공존, 즐기는 문화 만들기가 가장 잘 표현될 수 있도록 선택하고 연출하는 방법이었다.

두 번째로 정원은 환경적 가치를 가지고 있다. 환경 오염과 지구 온난화 문제는 오래전부터 제기되었다. 환경을 회복시키는 데는 두 가지 방법이 있다고 생각한다. 먼저 환경 공학적으로 오염 물질을 제거하거나 희석시키는 것이다. 그런데 공학적으로 희석시키기만 하는 것은 어떻게 보면 무의미한 일일지 모른다. 오염 물질 축적을 막을 수 없으니 결국에는 생태계에 나쁜 영향이 되기 때문이다. 여기서 또 하나의 방법을 생각해 본다. 예를 들어 깨끗한 물에 잉크 한 방울을 떨어뜨리면 탁해진다. 이를 정화하려면 잉크 성분을 화학 물질로 제거하거나 희석하는 방법이 있고, 또 다른 대안은 깨

　　　　　　　　5장 비워야 채워지는 정원의 시간

창업주 시절에 심은 나무들

5장 비워야 채워지는 정원의 시간

끗한 물을 계속 부어 주는 것이다. 맑고 투명한 물을 넘치도록 넣으면 투입된 잉크가 제거된다. 이 물 역할을 하는 것이 바로 아름다운 정원이다.

인간의 여러 활동으로 인해 오염된 지구에 '근본적으로 생태적이며 아름답기까지 한' 정원이 많이 만들어진다면 더욱 나은 환경을 후손에게 물려줄 수 있을 것이다. 근본적으로 정원은 만들며 가꾸어야 하는 공간이기에 물론 매우 많은 노력과 시간을 요한다. 하지만 두 방법이 함께 작동한다면 아픈 지구가 더 빨리 회복될 수 있지 않을까 생각해 본다. 2023년은 역대 네 번째로 덥고, 역대 세 번째로 비가 많이 온 여름으로 기록되었다. 수년 전부터 날씨 구분이 쉽지 않아졌다. 차례대로 피어야 할 봄꽃은 '시작'과 동시에 한 번에 꽃망울을 터트렸고 더위 때문에 에너지 소비량은 역대 최고를 찍었다. 세계 여기저기서 이상기후 때문에 많은 사람이 죽거나 삶의 터전을 잃었다. 놀랍게도 오늘날의 이러한 기후 변화는 벌써 100년 전에 행해진 인간들의 행동에서 비롯했다고 한다. 지금부터 지구 살리기에 착수해도 100년 후에야 회복되는 셈이다. 정원답고 아름다운 정원을 많이 만들어 낸다면 장차 조금 더 나은 환경이 되는 데 작은 도움이 되지 않을까? 삶에 지친 사람들이 아름다운 정원에서 쉼을 얻고, 지구는 지친 환경을 회복하는 모습을 상상해 본다.

끝도 없는 길을 가볍고 즐겁게 걷다

가장 행복한 여행은 어디를 가느냐가 아니라 누구와 함께 가느냐에 달려 있다고 한다. 정원 만들기는 끝이 없는 일이기 때문에 느낄 수 있는 즐거움은 누구와 함께 만드느냐에 따라 달라질 것이다. 지금까지 살아오면서 즐거운 정원 만들기를 할 수 있도록 힘을 더해 주는 인연이 많았다. 어린 시절 함께해 주신 외할아버지부터, 처음 조경가로서 경력을 쌓기 시작하며 만난 소중한 사람들, 그리고 현재 함께하는 모든 분들, 무엇보다도 소중한 가족과 함께 만들어 가는 정원은 최고로 뛰어난 정원은 아니겠지만 모두가 최고로 즐거운 정원임은 의심할 여지가 없다.

에버랜드에 일하면서 처음에는 함께하는 모든 사람들에게 영국에서 공부하며 깨달은 정원에 대한 생각을 전달하기 위해서 열심히 노력했다. 함께 일하는 그룹원들이 모두 같은 방향을 바라보고 앞으로 가야 더 멀리, 더 오래 걸어갈 수 있다고 생각했기 때문이다. 물론 내 생각이 100% 정답은 아니겠지만 가다 보면 결국 정답에 도달하지 않을까? 정답을 찾기 위한 걷기의 방향은 정원을 정원답게 만드는 것이여야 했다.

처음 에버랜드에서 정원을 만들기 시작했을 때 꽃 축제를 매년, 매 시즌 열지만 직원들이 직접 정원을 디자인하지 않고 있음을 보고 놀랐다. 그룹원들은 축제 콘셉트를 개발하고 식재 관련하여 개략적인 계획을 세우면 협력 업체가 세부 내용을 풀어서 초화 종류를 결정하고 시공하는 방법으로 만들어지고 있었다. 좀 더 냉정히 말하면 에버랜드의 헤리티지가 아닌 협력 업체의 능력으로 만들어지는 정원이었다.

여러 사람의 기억이 쌓인 곳이 정체성 있는 장소가 되고 미래에 물려줄 유산이 되는 것인데 지금껏 에버랜드가 아닌 다른 사람의 이야기를 쌓아 오고 있었던 것이 아니냐는 질문을 스스로와 그룹원들에게 던졌다. 우리만의 기억을 만들어 차곡차곡 쌓는 첫걸음을 방해한 것은 '우리가 할 수 있을까?'와 '일이 더 많아지지 않을까?'였다. 그 두려움과 게으름을 극복하기 위해 날마다 함께 현장에 나가 조금씩 성장하며 변하는 정원을 직접 눈으로 보고 마음으로 간직했다. 다음을 상상하고 직접 손으로 초화 위치를 하나하나 도면에 그리고 현장에 시공했다. 그 후에도 매일 함께 현장을 돌면서 우리가 만든 정원을 보고 또 보면서 우리의 이야기를 하나하나 쌓아갔다. 산길을 걸으며 만난 몇 년 사이 훌쩍 자란 상록수, 서로 경쟁하며 거리 두기를 하는 나무들, 큰 비가 내리면 부러진 오래된 가지가 부러지며 자연에 순응한 모습, 조그만 화분에서 본연의 자세로 우주를 만들며 자라는 분재들, 육종 온실에서 선택을 기다리는 신 품종 장미들을 바라보았다. 놀이기구 하나라도 더 타려 뛰는 사람들 사이에서 꽃 한송이를 더 보기 위해 달리는 식물사랑단 아이들이 만들어 낸 소중한 이야기까지 차곡차곡 모였다. 그룹원들과 함께 현장을 돌아보는 순간이 너무 소중하고 즐거웠다. 매일매일 성장하면서 함께 정원을 만드는 가치 있는 시간이었고 그렇게 걸어온 길이 창업주의 국토 개발과 식물에 관한 철학을 잇는 소중한 자산이 되었다.

정원을 만들다 보면 이쯤에서 완성이라 선언하고픈 순간이 있다. 이미 많은 것을 심었거나, 많은 것을 채워 넣어 어떤 여백도 보이지 않는 때이다. 그런데도 여전히 만족스럽지 않기에 뭔가 더 하고 싶어도 할 수 있는 것이 없는, 그래서 찜찜하지만 '완성'이라고 외쳐야 할 것 같은 순간이다. 정원 하나를 만들기 위해 온 힘을 쏟아부었기 때문에 지치기도 하고, 더 이상 스스로 뭔가를 끌어낼 수 있을 것 같지 않아 참으로 난감하다.

만약 그림이나 음악, 글쓰기, 만들기 같은 창작 분야였다면 이 답답한 상황에 눈을 질끈 감고 '완성'을 외쳤을지도 모른다. 그리고 작품은 탄생했을 것이다. 하지만 정원은 조금 달랐다. 쉽게 완성을 선언할 수도 없었고 정원도 그것을 용납하지 않는 것 같았다.

　　　　　　　　　　　　　　　　　　　　　　　에필로그

　그 불편한 순간에 놀랍게도 정원은 멈추지 않고 스스로 성장하는 것을 택했다. 모든 정원이 그랬다. 테마파크에서 만드는 정원도 예외는 아니었다. 시즌 준비를 마치는 순간, 담당자에게 수고했다고 격려하는 순간 정원은 스스로 즐겁게 성장한다. 때로 상상 이상의 아름답고 즐거운 모습으로, 때로 기대에 미치지 않는 모습으로, 때로 빠르게 또 느리게 성장했다. 내가 아무것도 할 수 없을 때도 정원은 스스로 할 일이 많아 보였다.

　정원을 가꾸는 지인들도 정원을 만들고 가장 아름다울 때는 시작한 지 이삼 년 정도 될 때라고 한다. 이유를 물으면 하나같은 대답이다. 정원이 성장하기 때문이라는 것이다. 정원이 성장하면 자신들의 손길이 모든 것을 제어할 수 없기 때문이다. 사람과 같다.

　어릴 때는 부모 손길에 의해 아주 귀하게, 인생에서 가장 아름다운 시기를 보내지만 성인이 되어 부모의 손길이 미치지 않는 독립된 개체가 되어 살아간다. 정원도 이삼 년의 유년기를 지내고 나면 성인이 되어 부모인 정원사의 손길을 벗어나려 한다. 멀리서 날아든 식물의 씨앗을 받아들이기도 하고, 잘 자라던 식물과 작별을 고하기도 하고, 정원사의 간섭을 몸으로 싫어하기도 하면서 성장한다. 때때로 부모님과 함께했던 어린 날을 추억하는 우리 모습처럼 정원사와 함께했던 시절을 그리워하며 그때로 돌아가기도 한다.

　가끔 초기 모습의 정원을 원하는 정원사들이 있는데 십중팔구 정원 일에 지쳐 그다지 즐겁지 않은 생활을 한다. 정원이 성장하면 그만큼 할 일도 많아지기 때문이다. 때로는 거칠고, 때로는 단정하고, 때로는 더 풍성한 모습으로 성장하는 정원을 너그러운 부모의 마음으로 지켜보는 여유가 있다면 정원사는 누구보다도 행복해질 것이다. 절대 완성되지 않는 예술, 살아 숨 쉬고 성장하면서 액자 밖으로 비집고 나오는 예술이 바로 정원이다. 행복한 정원사는 예술을 하는 예술가가 아닌 예술 작품에서 하나의 요소가 된다. 정원 구석구석을 정원사의 손길로 채우려 하면 곧 정원을 탈출하고 싶어질 것이다. 예컨대 같은 무게를 들어도 우리 뇌가 어떻게 받아들이냐에 따라서 근육을 키울지, 몸을 상하게 할지 결정이 된다고 한다. 그저 아주 무거운 짐으로 느끼면 마음을 치유하는 가장 원초적인 활동인 정원 일조차 몸을 상하게 하는 소모가 될 것이다. 어차피 끝없는 길이라면 내가 할 수 있는 만큼만, 그 밖의 것은 자연에 맡긴 채 한없이 가볍고 즐겁게 정원과 함께 성장하는 길이 현명할 것이다.

정원은 개인의 기억이 차곡차곡 쌓여 특유의 정체성을 만드는 장소이다. 가장 나다운 모습을 발견할 수 있는 공간인 것이다. 더구나 집단의 기억이 켜켜이 쌓인 테마파크는 가장 정직한 시대상이 발견되는 곳이기도 하다.

영국에서 공부할 때 누군가 이런 말을 했다.

"당신이 만든 정원을 보여 주세요. 그러면 당신이 어떤 사람인지 말씀드릴 수 있습니다."

　　요즘 전국 정원 쇼에 출품된 수많은 작가 정원을 보면서 이러한 기억의 저장이 아닌, 작가주의 정원으로 치우치는 것 아닌가 염려도 되었다. 하지만 이 모든 것이 끝도 없는 길을 걷다가 만날 수 있는 많은 이야기 중 하나이지 않을까 생각한다. 지금까지 너무 진지하게 살아 왔는지 모른다. 너무 무겁게 정원을 만들어 왔는지 모르겠다. 거창한 "무슨무슨주의" 정원이 아닌 생활과 함께하는 생활주의 정원을 만들면서 조금 더 편안하게 정원을 만들면서 즐겁고 행복했으면 좋겠다. 이 즐거운 길을 많은 사람들과 함께 정말 즐겁고 행복하게 걸었으면 좋겠다.

정원을 가꾸는 것은 내일을 믿는 일입니다.
To plant a garden is to believe in tomorrow.
-오드리 헵번

"나만의 수호식물: 365일, 당신이라는 숲을 지키는 초록의 위로" 미리 보기

세상은 탄생을 축복이라 말하지만, 삶은 때로 혹독한 계절을 견뎌야 하는 여정입니다. 가든메이커 이준규 저자는 탄생화, 탄생석에서 나아가, 우리 삶의 결을 지켜 줄 '수호식물'을 새롭게 제안합니다. 365일의 식물들은 각기 다른 생존 방식과 철학으로 버티고 견디며 피어나는 법을 속삭입니다. 일 년 치 식물에 대한 기대와 함께 일부를 여기서 살짝 나눕니다.

1월 | 혹한을 견디는 굳센 의지

1월 1일: 소나무 Korean Red Pine
"바람이 거세다고 꺾이지 마세요. 절벽 위 소나무가 푸른 이유는 뿌리를 깊게 내렸기 때문입니다. 당신의 뿌리는 생각보다 깊고 단단합니다."

2월 | 태동과 준비

2월 20일: 영춘화 Winter Jasmine
"잎도 없이 노란 꽃을 터뜨려 '봄을 맞이하는' 당신, 세상에 가장 먼저 기쁜 소식을 전하는 메신저입니다."

3월 | 세상 밖으로 피어나는 찬란한 용기

3월 21일: 매화 Plum Blossom
"봄의 절정에서 가장 고귀한 향기를 뿜어내는, 맑고 깨끗한 품격의 소유자입니다."

4월 | 찬란한 사랑과 눈부신 위로

4월 30일: 등나무 Wisteria
"사람을 취하게 만드는 향기와 그늘을 내주는 넉넉함으로, 오는 사람 마다치 않는 환영의 아이콘입니다."

5월 | 사랑과 감사

5월 17일: 작약 Peony

"5월의 정원에서 가장 돋보이는 꽃처럼,
당신은 어디서나 주목받는 타고난
스타입니다."

6월 | 활력과 에너지

6월 5일: 메리골드 Marigold

"지금의 고단함에 좌절하지 마세요.
메리골드는 서리가 내릴 때까지 꽃을
피웁니다. 당신의 인내 끝엔 반드시 황금빛
행복이 기다리고 있습니다."

7월 | 정화와 인내

7월 5일: 라벤더 Lavender

"말이 없다고 오해받나요? 진정한 소통은
침묵 속에서 이루어집니다. 당신의 깊은
배려와 향기가 백 마디 말보다 더 큰 위로를
전하고 있습니다."

8월 | 작열하는 열정과 영원한 약속

8월 4일: 옥수수 Corn

"겉모습보다 내실을 기하는 당신, 껍질 속
황금알처럼 당신의 가치는 조용히 익어
가고 있습니다. 곧 당신의 풍요를 만끽할
날이 옵니다."

9월 | 결실과 사색

9월 27일: 떡쑥 Cudweed

"작고 수수하다고 자책하지 마세요. 당신의
보드라운 솜털이 9월의 찬 이슬로부터 숲의
작은 생명들을 보호하고 있습니다."

10월 | 성숙과 고결

10월 24일: 매화나무 Plum Tree

"겉모습이 늙고 거칠어진다고 슬퍼 마세요.
그 거친 껍질만이 가장 향기로운 꽃을 피울
수 있습니다. 당신의 세월은 그 자체로
향기입니다."

11월 | 비움으로써 채워지는 지혜

11월 23일: 고사리 Fern

"화려하게 피어나지 않아도 괜찮습니다.
당신은 이미 숲의 기초를 만든 위대한
강자입니다. 당신의 묵묵한 걸음이 역사가
됩니다."

12월 | 희망과 영속

**12월 10일: 낙상홍 Japanese
Winterberry**

"가진 것을 다 비워 내니 비로소 붉은
열매가 빛나는군요. 비움 뒤에 찾아온
당신의 전성기를 마음껏 누리세요. 당신은
충분히 아름답습니다."

세상 모든 초록은 즐겁다

초판 1쇄 인쇄일 2026년 2월 4일
초판 1쇄 발행일 2026년 2월 20일

지은이 이준규

발행인 조윤성

편집 김화평 **디자인** 서진아 **마케팅** 최기현
발행처 ㈜SIGONGSA **주소** 서울시 성동구 광나루로 172 린하우스 4층(우편번호 04791)
대표전화 02-3486-6877 **팩스(주문)** 02-598-4245
홈페이지 www.sigongsa.com / www.sigongjunior.com

글 ⓒ 이준규, 2026

ISBN 979-11-7125-904-5 03520